Dedicatoria

Dedico este manual a mi esposo, Luiyo, y a mis hijos, María Luisa y Luis Arturo. Les agradezco su apoyo incondicional y tiempo durante todo este proceso. También a mis familiares y amigos que han compartido y me han ayudado a lograr mis metas. A mis padres, que ya no se encuentran y fueron responsables de lo que soy hoy día. Al grupo de apoyo de personas con lesiones cerebrales de la Fundación Luis Salazar Géigel por ser mi inspiración para desarrollar el manual. A Dios por darme fortaleza, vocación y la oportunidad de vivir cada día haciendo lo que me apasiona.

Agradecimientos

Agradezco a mi comité de disertación, la Dra. Maribella González y el Dr. Jaime Veray por su accesibilidad, compromiso y confianza en mi trabajo. La culminación y la excelencia de este manual no hubiera sido posible sin la guía y el conocimiento de estos. De igual manera les agradezco el motivarme y exhortarme a que este se extienda y sea una contribución a la prestación de servicios psicológicos para personas adultas con lesiones cerebrales adquiridas.

Quiero reconocer a mi familia, amistades, profesores, supervisores y todas esas personas que de alguna manera impactaron mi vida, mis años de formación, y que creyeron en mí. ¡Muchas gracias por todo!

Tabla de Contenido

Página

Tabla de Contenido

Página

Tabla de Contenido

Página

Introducción

Este manual psicoeducativo ha sido diseñado como una herramienta de capacitación para los profesionales de la salud, especialmente psicólogos clínicos, neuropsicólogos y consejeros psicológicos, que trabajan con adultos que sufren lesiones cerebrales adquiridas. El mismo pretende concientizar y proveer una educación básica de los efectos neuropsicológicos y psicológicos, que pueden surgir a consecuencia de una lesión cerebral adquirida como la pérdida del sentido del "self".

Se intenta desde una perspectiva biopsicosocial/espiritual fomentar en los profesionales de la salud la incorporación y adaptación de estrategias adecuadas para esta población. Las mismas van dirigidas a las áreas cognitivas, conductuales y emocionales de los sobrevivientes de lesiones cerebrales adquiridas. Esto con el propósito de facilitar su rehabilitación y ajuste a su nueva realidad a través de la reconstrucción de su "self". Además, este manual incluye psicoeducación a los sobrevivientes y familiares sobre las alteraciones asociadas a una incapacidad a largo plazo, que incluye deterioro cognitivo, cambios en la conducta, personalidad, problemas emocionales y limitaciones físicas.

El manual consta de cinco (5) capítulos que incluye información desde conceptos básicos hasta estrategias y técnicas orientadas a la línea base del proceso de la reconstrucción del "self". En la medida que se adquiera mayor conocimiento sobre los efectos psicológicos y neuropsicológicos de las lesiones cerebrales adquiridas, y se considere su importancia en el proceso de rehabilitación, se pretende mejorar la calidad de los servicios psicológicos provistos a través de un tratamiento adecuado e individualizado. De esta forma, los/las sobrevivientes pueden ir reconstruyendo su "self" para dar un nuevo sentido a su vida.

Capítulo I: Lesiones cerebrales adquiridas

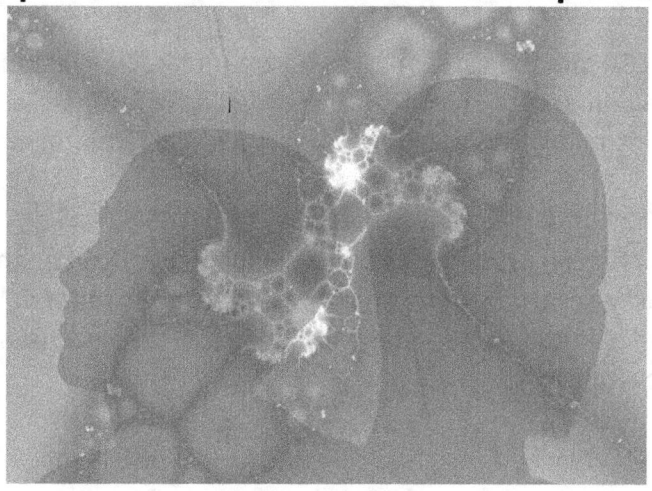

"La lesión cerebral es parte de la vida, no es toda la vida"
(García-Molina, Roig-Rovira, Enseñat-Cantallops, & Sánchez-Carrión, 2014)

La lesión cerebral, al igual que otras enfermedades, no discrimina en edad, raza, género, religión, estado socioeconómico, por lo que hace susceptible a cualquiera de experimentarla en forma directa o a través de otros que la adquieran (Brain Injury Association of America, 2016). La lesión o daño cerebral adquirido (ABI por sus siglas en inglés) es la principal causa de muerte y discapacidad en todo el mundo (World Health Organization, 2006). Se considerada uno de los trastornos neurológicos más comunes, y para los sobrevivientes, es ampliamente descrita como una condición muy agotadora (Serrá & Arcos, 2013).

¿Qué es la lesión cerebral adquirida?

- Es un daño al cerebro que ocurre luego del nacimiento y no se relaciona con una una enfermedad congénita o degenerativa (Organización Mundial de la Salud, 1996).

- Resulta de un cambio en la actividad neuronal; la cual afecta la integridad física, la actividad metabólica o la habilidad funcional de las células nerviosas en el cerebro (Brain Injury Association of America, 2016).

- Es un daño causado por un agente externo o interno al sistema nervioso central, que puede producir una disminución de conciencia y conlleva la alteración de las capacidades sensoriales, físicas, cognitivas, emocionales y conductuales (Federación Española de Daño Cerebral- FEDACE, 2006).

LCA: Traumáticas vs. no traumáticas

Las LCA pueden categorizarse en traumáticas y no traumáticas dependiendo del origen de la primera lesión como la severidad de la misma y las correlaciones del tipo de lesión con los resultados esperados a largo plazo (Brain Injury Association of America, 2016).

Una vez la primera lesión ha impactado ocurre una segunda lesión como resultado de la serie de eventos patopsicológicos a la primera lesión tales como hipoxia, anormalidades metabólicas, anemia, hidrocefalia, hipertensión intracraneal y actividad hemorrágica (tabla #1).

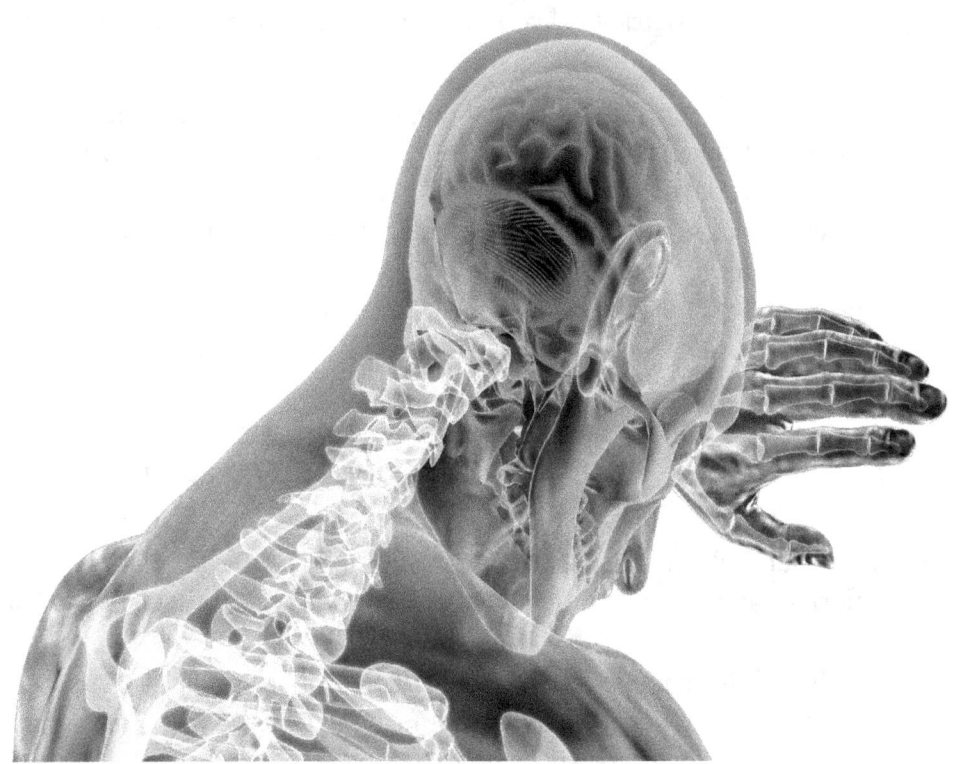

Tabla #1

Lesión Traumática	Lesión No Traumática
Alteración al funcionamiento del cerebro o evidencia de una patología causada por una fuerza externa (Brain Injury Association of America, 2016).	Estas también ocasionan daño al cerebro por factores internos tales como la falta de oxígeno o nutrientes a las células nerviosas del cerebro, exposición a tóxicos, presión por un tumor o bloqueo u otros trastornos neurológicos (Brain Injury Association of America, 2016).
Puede ocurrir por medio de dos mecanismos: <ul><li>Lesiones que resultan del contacto ya sea de la cabeza golpeada por o contra un objeto.</li><li>Las que involucran una fuerza inercia como la aceleración/deceleración.</li></ul>	
Se subcategoriza en: <ul><li>**Lesión cerrada de la cabeza**: la más común, que se caracteriza por un golpe fuerte y repentino de la cabeza contra un objeto, no penetra el cráneo (National Insitutue of Neurological Disorders and Stroke, 2010).</li><li>La cabeza se golpea o se mueve violentamente, manteniéndose el cráneo intacto y el cerebro no está expuesto (Lezak, Howieson, Loring, Hannay, & Fischer, 2004).</li><li>**Lesión abierta/penetrante de la cabeza**: producto de una brecha o ruptura en el cráneo o en las meninges, y puede ocurrir tanto intencional como accidentalmente por la penetración de objetos al cerebro que penetran el tejido cerebral como herramientas, armas, entre otros (Lezak et al., 2004).</li></ul>	

Causas: lesiones cerebrales adquiridas

Las LCA ocurren por traumatismo craneoencefálicos (TCE: TBI por sus siglas en inglés), accidentes cerebrovasculares (ACV: Stroke o CVA por sus siglas en inglés), tumores cerebrales, anoxias, enfermedades infecciosas, envenenamiento, y abuso de alcohol y drogas.

No obstante, las que ocurren mayormente se deben a dos grandes causas: la primera se debe a traumatismos craneoencefálicos, que se consideran lesiones traumáticas y la segunda causa se debe a los accidentes cerebrovasculares o derrames cerebrales, que se les conoce como lesiones cerebrales no traumáticas (Brain Injury Association of America, 2016).

Accidente Cerebrovascular (ACV): sucede cuando se detiene repentinamente el suministro de sangre a una parte del cerebro o cuando un vaso sanguíneo en el cerebro se rompe. Esto causa que las células cerebrales empiecen a morir (National Institute of Neurological Disorders and Stroke, 2017).

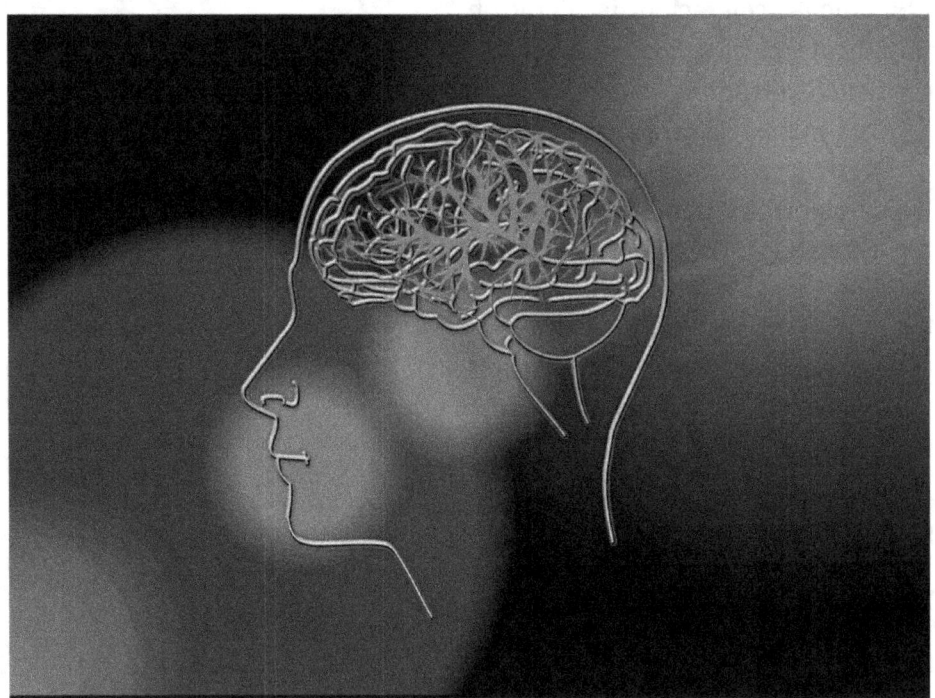

Existen dos tipos de derrames cerebrales y el tipo más común es el ataque cerebral isquémico, que ocurre cuando una arteria que suple sangre al cerebro, queda bloqueada, reduciendo o interrumpiendo de forma repentina el flujo de sangre, y con el tiempo ocasiona un infarto cerebral (Hernández y Ortiz, 2007)

Aproximadamente el 80 por ciento de todos los ACV son isquémicos (National Institute of Neurological Disorders and Stroke, 2017). El otro tipo es el ataque cerebral hemorrágico (derrame cerebral) causado por la ruptura de un vaso sanguíneo que sangra hacia dentro del cerebro. Aproximadamente el 20 por ciento de los ACV son hemorrágicos.

A pesar de los ACV ser una enfermedad del cerebro, pueden afectar todo el cuerpo y variar desde leve hasta severo, e incluir parálisis, problemas de raciocinio, del habla y del lenguaje, problemas de visión y de coordinación motora (National Institute of Neurological Disorders and Stroke, 2017). Además, la persona con ACV puede presentar problemas psicológicos tales como depresión, ansiedad, frustración y coraje, luego de ocurrir el ACV.

Signos y Síntomas del ACV

Estos aparecen de manera repentina y se requiere que se actúe de emergencia, ya que luego de tres horas de la aparición de los síntomas los tratamientos pierden su eficacia (National Institute of Neurological Disorders and Stroke, 2017). Entre los síntomas de un derrame cerebral se encuentran los siguientes:

Figura #1

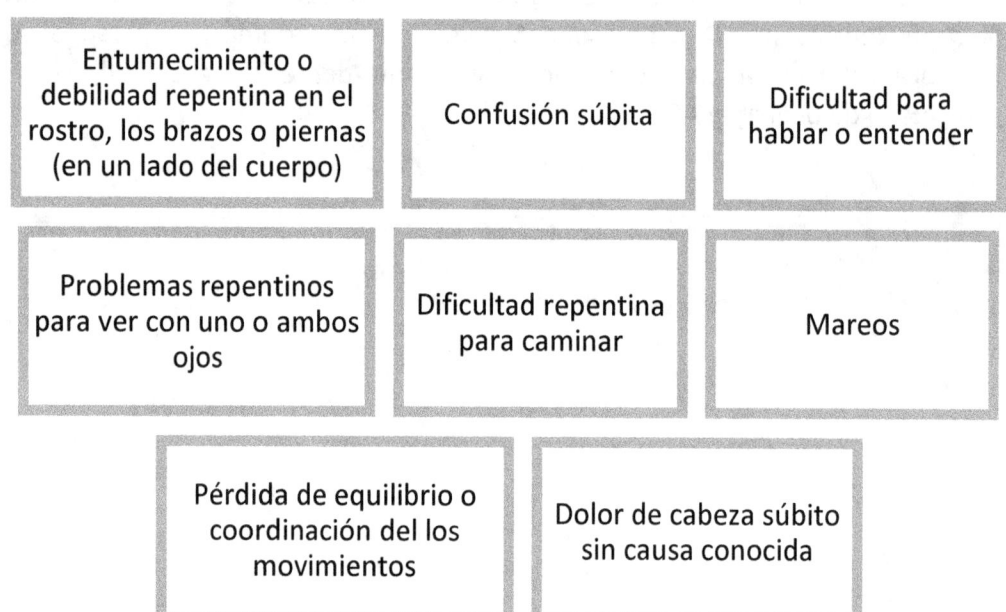

Diagnóstico del ACV: DSM-5

El Manual Diagnóstico y Estadístico de los Trastornos Mentales (DSM-5 por sus siglas en inglés) de la Asociación Americana de Psiquiatría (2013) es la referencia de los profesionales de la salud en el diagnóstico de trastornos mentales de los pacientes, como parte de la valoración de un caso que permita elaborar un plan de tratamiento para cada individuo). De acuerdo al DSM-5 un Trastorno Neurocognitivo Vascular mayor o leve se diagnostica si:

Tabla #2

A. Se cumplen los criterios de un trastorno neurocognitivo mayor o leve.

B. La sintomatología clínica es compatible con una etiología vascular como lo sugiere cualquiera de los siguientes criterios:
   I. El inicio de los déficits cognitivos presenta una relación temporal con uno o más episodios de tipo   cerebrovascular.
   II. Las evidencias del declive son notables en la atención compleja (incluida la velocidad de   procesamiento) y en la función frontal ejecutiva.

C. Existen evidencias de la presencia de una enfermedad cerebrovascular en la anamnesis, en la exploración física o en el diagnóstico por la imagen neurológica, consideradas suficientes para explicar los déficits neurocognitivos.
D. Los síntomas no se explican mejor con otra enfermedad cerebral o trastorno sistémico.

Trastorno neurológico vascular

Se diagnostica un trastorno neurocognitivo vascular probable si aparece alguno de los siguientes criterios, pero en caso contrario se diagnosticará un trastorno neurocognitivo vascular posible:

1. Los criterios clínicos se respaldan con evidencias de diagnóstico por la imagen neurológica en que aparece una lesión parenquimatosa significativa atribuida a una enfermedad cerebrovascular (respaldo de imagen neurológica).

2. El síndrome neurocognitivo presenta una relación temporal con uno o más episodios cerebrovasculares documentados.

3. Existen evidencias de enfermedad cerebrovasculares, tanto clínicas como genéticas. Se diagnostica un trastorno neurocognitivo vascular posible si se cumplen los criterios clínicos, pero no existe diagnóstico por la imagen neurológica y no se ha establecido una relación temporal entre el síndrome neurocognitivos y uno o más episodios cerebrovasculares.

Nota de Codificación: Trastorno Neurocognitivo Vascular mayor probable con alteración del comportamiento codificar 290.40 (F01.51); sin alteración al comportamiento 290.40 (F01.50); para uno con o sin alteración del comportamiento codificar 331.9 (G31.9).

No es necesario un código médico adicional para la enfermedad vascular. Para un Trastorno Neurocognitivo Vascular Leve, se codifica 331.83 (G31.84), no se utiliza un código adicional para la enfermedad vascular y se debe incluir por escrito, aunque no se codifique, la alteración del comportamiento.

Factores de riesgo ACV

Entre los factores de riesgo más importantes de los ACV se encuentran:

Enfermedad cardiaca | Diabetes | Consumo de alcohol, cigarrillo y crac | Hipertensión Arterial

- La **enfermedad cardiaca**, la **diabetes** y el **consumo de cigarrillo** (National Institute of Neurological Disorders, and Stroke, 2017).

- De todos los factores que contribuyen al ACV el más significativo es la **hipertensión arterial** (Rivera-Nava et al., 2012). El riesgo es de 4 a 6 veces mayor del riesgo de los que no tienen hipertensión. La prevalencia de hipertensión es mayor entre los hombres que las mujeres, especialmente en las personas más jóvenes. No obstante, al aumentar la edad, más mujeres que hombres tienen hipertensión, lo que podría explicar la incidencia y prevalencia del accidente cerebrovascular en estas poblaciones (National Institute of Neurological Disorders and Stroke, 2017).

- La **diabetes** aumenta tres veces el riesgo de sufrir un ACV, alcanzando el punto más elevado en los cincuenta y sesenta años de edad, y disminuyendo después de los setenta años (National Institute of Neurological Disorders and Stroke, 2017).

- Entre los estilos de vida modificables se encuentra el consumo de cigarrillos siendo el factor más poderoso que contribuye a una enfermedad cerebrovascular, sobre todo en adultos jóvenes, duplicando el riesgo de un ataque isquémico (National Institute of Neurological Disorders and Stroke, 2017). Este promueve la arteriosclerosis y aumenta los niveles de factores de coagulación de la sangre como el fibrinógeno.

- El **consumo de alcohol** es otro factor de riesgo modificable de ACV, ya que un aumento en consumo conduce a un incremento en la presión sanguínea.

- El **consumo de cocaína y crac** también pueden ocasionar ACV. La cocaína puede actuar sobre otros factores de riesgo como la hipertensión, la enfermedad cardiaca y la enfermedad vascular desencadenando en un ACV. Además, reduce en un 30 por ciento el flujo de sangre cerebrovascular ocasionando constricción vascular e inhibiendo el relajamiento vascular creando una estrechez de las arterias. También afecta el corazón ocasionando arritmias y un ritmo cardiaco acelerado que puede resultar en la formación de coágulos de sangre (National Institute of Neurological Disorders and Stroke, 2017).

- **Otros factores de riesgo son**: las lesiones en la cabeza o en el cuello que pueden dañar el sistema cerebrovascular y ocasionar un número de ACV; las infecciones virales y bacterianas al sistema inmunológico responder a la infección aumentando la inflamación; y los genes relacionados a la hipertensión, la enfermedad cardiaca, la diabetes y malformaciones vascular.

Escala Valoración Clínica para ACV

Una herramienta útil en la cuantificación del daño por ACV es la **Escala NIHSS** del National Institute of Health and Stroke, la cual permite al médico determinar la gravedad y la posible causa de ACV (Hernández y Ortiz, 2007).

Esta escala mide aspectos fundamentales de la exploración neurológica: nivel de conciencia, función visual, mirada conjugada, campos visuales por confrontación, paresia facial, paresia del brazo, paresia de la pierna, dismetría (ataxia: descoordinación en el movimiento), sensibilidad, lenguaje, disartria, extinción o inatención, y negligencia. La misma tiene una puntuación mínima de 0 y una máxima de 42.

Puntuación 0 a 1 = CVA normal

1 a 4 = CVA leve

5 a 15 = CVA moderado

15 a 20 = CVA moderado - severo

20+ = CVA Severo

Fuente: Bautista, 2009

Traumatismo craneoencefálico (TCE)

- Es producto de una fuerza mecánica externa aplicada al cráneo (incluyendo una fuerza inercia como aceleración/deceleración) que conduce a una patología temporera o permanente (Ashman et al., 2006).

- Es un daño al tejido cerebral detectado por la pérdida de conciencia, presencia de un periodo de amnesia postraumática, o por hallazgos neurológicos objetivos obtenidos a través de la evaluación física y del estado mental (Traumatic Brain Injury Model Systems/ National Data and Statistical Center, 2006).

La lesión traumática repentina al cerebro puede causar daño en una localización **específica** (focal) o esta puede ser una de naturaleza **difusa**, al esparcirse a muchas partes del cerebro (Lehr, 2016). Esto hace que el tratamiento de TCE sea único e individual para cada paciente.

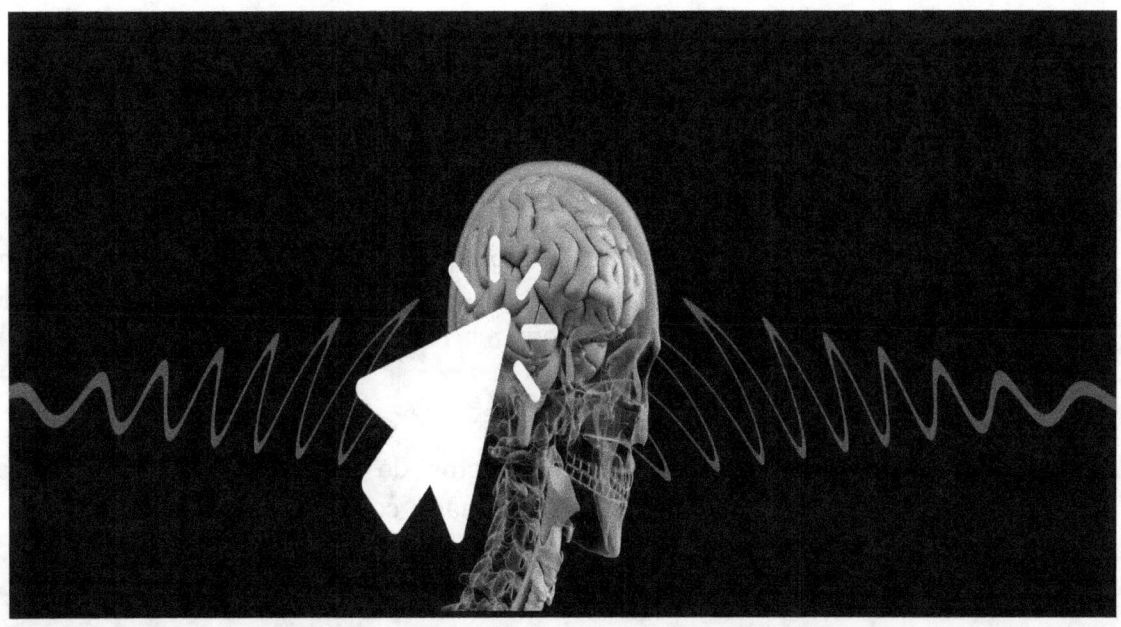

Daño traumático al cerebro

El daño traumático que recibe el cerebro es uno que ocurre usualmente en **dos etapas:**

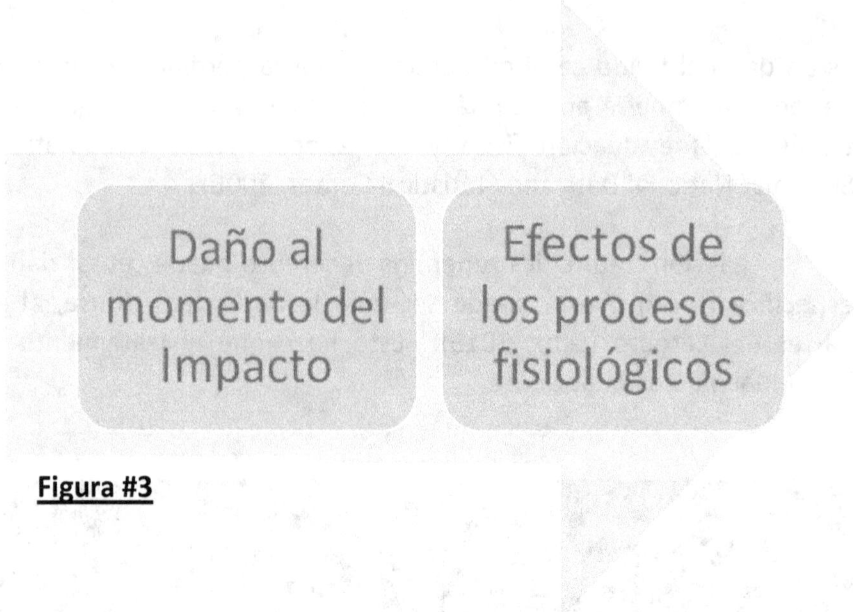

| Daño al momento del Impacto | Efectos de los procesos fisiológicos |

Figura #3

1. La primera lesión es el daño que ocurre **al momento del impacto** (concusión/golpe) sobre el cráneo o el movimiento rápido de aceleración/desaceleración (daño a las fibras nerviosas, vasos sanguíneos y otros tejidos cerebrales)

2. La segunda consiste de los **efectos de los procesos fisiológicos** que se desarrollan a raíz del impacto primario como hemorragia, fiebre, hematoma, edema cerebral, aumento en la presión intracraneal, fiebre y epilepsia postraumática (Lezak, Howieson, Loring, Hannay, & Fischer, 2004).

Severidad en TCE

La severidad en TCE se define por la duración del periodo de inconsciencia, estado mental alterado o amnesia postraumática (Ashman et al., 2006).

Además, se identifican en tres niveles de acuerdo a la severidad del daño al cerebro: **leve, moderado o grave** (severo). Estos determinan cómo el individuo se va a ver afectado luego de la lesión cerebral. Cada nivel se caracteriza por síntomas específicos, que en ocasiones se hacen evidentes de inmediato y en otras no aparecen hasta días o semanas después de la lesión (National Institute of Neurological Disorders and Stroke, 2010). No obstante, la severidad del daño no necesariamente se asocia con la extensión de la discapacidad funcional del individuo, el funcionamiento post-TCE es multifactorial (Binder 1997, en Ashman et al., 2006) (tabla #3).

Tabla #3

Severidad de la lesión cerebral	Características	Síntomas
Leve (Ashman et al., 2006)	Golpe en la cabeza (concusión) seguido de un periodo de inconciencia de menos de 30 minutos, un estado mental alterado con una amnesia postraumática de menos de 24 horas o una Escala de Glasgow de Coma de 13 a 15 (Ashman et al., 2006). La persona puede sentirse aturdida o más distinta de lo común por algunos días o semanas luego de la lesión inicial	Dolor de cabeza Desorientación Confusión Zumbido en los oídos, Fatiga Mareos Vómitos Vista nublada Estado letárgico Cambio en los patrones de sueño, de conducta o del estado de ánimo Problemas de memoria (recordar lo que acaba de ocurrir), atención, concentración o pensamiento (National Institute of Neurological Disorders and Stroke, 2010).
Moderado Navarro, Martínez, & Ferri, 2013) & (National Institute of Neurological Disorders and Stroke, 2010)	Pérdida de conciencia que oscila entre 15 minutos y seis horas con una puntuación Escala de Glasgow de Coma de 9 a 12, y un periodo de amnesia postraumática que puede durar hasta 24 horas, y suele requerir hospitalización para observación.	Pueden aparecer los síntomas de una lesión leve, pero con mayor intensidad de: Dolor de cabeza, que empeoran o no desaparecen Vómitos o náuseas recientes Convulsiones Derrame cerebral Incapacidad para despertar Dilatación de una o las dos pupilas de los ojos Habla entorpecida Adormecimiento o debilidad de las extremidades Falta de coordinación Aumento de confusión Desasosiego o agitación
Grave Navarro, Martínez, & Ferri, 2013)	Pérdida de conciencia de más de seis horas con una puntuación en la Escala de Glasgow de Coma que oscila entre los 3 y 8 puntos, y un periodo de amnesia postraumática que supera las 24 horas.	Experimentación de los mismos síntomas anteriormente descritos en los niveles anteriores. Muchos son incapaces de volver a una vida plenamente independiente e incorporarse a sus actividades habituales, y sufren una afectación generalizada de las funciones cognitivas. La naturaleza de los déficits depende en gran parte de la localización y extensión del daño cerebral.

Signos y Síntomas: TCE

De acuerdo a Elbaum & Benson (2007), los signos y la causa de los síntomas de una lesión cerebral se relacionan a:

Nivel de conciencia

Cambia según grado de lesión o con el aumento de presión en el cráneo

Respiración

Cambia al aumentar la presión craneal

Signos vitales

Aumento en la presión arterial y una disminución en el ritmo cardiaco

Dilatación de una pupila

No se contrae ante la luz brillante que alumbre el ojo

Funciones sensoriales

Es el parámetro menos confiable pues requiere que la persona esté alerta

Funciones automáticas

Manifestadas por un ritmo de corazón acelerado y sudor profuso

Cambios en la función motora

Comienza con debilidad, luego parálisis en el lado del cuerpo opuesto a la lesión

Diagnóstico TCE: DSM-5 (American Psychiatric Association, 2013)

El Trastorno Neurocognitivo mayor o leve debido a un traumatismo cerebral se realiza si:

Tabla #4

A. Se cumplen los criterios de un trastorno neurocognitivo mayor o leve.

B. Existen evidencias de un traumatismo cerebral, es decir impacto en la cabeza o algún otro mecanismo de movimiento rápido o desplazamiento del cerebro dentro del cráneo, con uno o más de los siguientes:
- **Pérdida de conciencia**
- **Amnesia postraumática**
- **Desorientación y confusión**
- **Signos neurológicos**
  - Diagnóstico por la imagen neurológica que demuestra lesión, convulsiones de nueva aparición, marcado empeoramiento de un trastorno convulsivo preexistente, reducción de los campos visuales, hemiparesia.

C. El trastorno neurocognitivo se presenta inmediatamente después de producirse un traumatismo cerebral o inmediatamente después de recuperar la conciencia y persiste pasado el periodo agudo postraumático.

Nota de codificación: Trastorno neurocognitivo mayor debido a un traumatismo cerebral, con alteración del comportamiento. En el caso del CIE-10-MC, codificar primero S06.2X9S traumatismo cerebral difuso con pérdida de la consciencia, de duración sin especificar, secuela seguido de F02.81 Trastorno Neurocognitivo mayor debido a un traumatismo cerebral, con alteración del comportamiento.

Traumatismo Neurocognitivo mayor debido a un tratamiento cerebral sin alteración del comportamiento. En el caso del CIE-10, codificar primero S06.2X9S traumatismo cerebral difuso con pérdida de la consciencia, de duración sin especificar, secuela, seguido de F02.80 Trastorno Neurocognitivo mayor debido a un traumatismo cerebral, sin alteración del comportamiento.

Para un Trastorno Neurocognitivo Leve debido a un traumatismo cerebral codificar 331.83 (G31.84). Nota: No usar código adicional para el traumatismo cerebral. La alteración al comportamiento, debe indicarse por escrito, aunque no se puede codificar.

Factores de riesgo TCE

Caídas

Violencia doméstica

Accidentes automovilísticos

Abuso infantil

Heridas de bala

Acciones militares

Asaltos

Lesiones en el trabajo

Lesiones deportivas o recreacionales

Síndrome de sacudida de bebé

(Fuente: htpps:clinicademiluz.es)

La mayoría de los TCE ocurren por caídas en los grupos de edades de niños de 0 a 4 años y adultos de 75 años o más; y las tasas más elevadas de TCE por muerte están relacionadas a accidentes automovilísticos entre adultos de 20 a 24 años de edad (Brain Injury Association of America, 2016). El departamento de Defensa de los Estados Unidos informó que del año 2000 al 2011, hubo 235,046 miembros en el servicio militar que fueron diagnosticados con TCE (Center for Disease Control and Prevention, 2013).

Escalas de Valoración Clínica para TCE

La Escala de Coma de Glasgow (GCS por sus siglas en inglés) es una herramienta de evaluación que utiliza el personal médico para evaluar la respuesta del sobreviviente luego de una lesión cerebral (Teasdale & Jennet, 1974). Esta evalúa tres tipos de respuesta:

Apertura de los ojos | Respuesta motora | Respuesta verbal

1. **Apertura de los ojos**: ¿cuándo la persona abre los ojos? (si es espontáneo, a la voz, al dolor o no hay apretura)

2. **Respuesta motora**: mejor respuesta obtenida (puede la persona moverse al obedecer órdenes, localizar el dolor, retira al dolor, flexión anómala, extensión anómala o sin respuesta.

3. **Respuesta verbal**: mejor respuesta obtenida (puede la persona hablar y está orientada, confusa, palabras inapropiadas, sonidos incomprensibles o sin sonido).

La **puntuación de la GCS** puede variar entre 3, la peor y 15, la mejor. Ésta se debe interpretar de la siguiente manera:
- Una puntuación de coma **de 13 a 15**: nivel de lesión cerebral leve,
- **De 9 a 12**: nivel moderado
- **De 8 o menos**: nivel de lesión cerebral severo

La amnesia postraumática (PTA por sus siglas en inglés) es otra manera de juzgar la severidad de una lesión. Esta ocurre cuando la persona que sufre la lesión se desorienta por un periodo luego de la lesión traumática (minutos, horas e inclusive días) sin saber precisamente la hora, día, mes o año. Además, puede ser incapaz de hacer nuevas memorias. En general, mientras mayor sea el periodo de amnesia postraumática o confusión postraumática más severa ha sido la lesión. Esta se puede medir con la Prueba de Orientación y Amnesia de Galveston (1979; GOAT por sus siglas en inglés).

Se recomienda administrar cuando la puntuación de GCS ha llegado a 12, al igual que puntuaciones parciales mayores de 2 en la apertura de ojos, mayor de 4 para mejores respuestas verbales y mayor de 6 para mejores respuestas motoras (Fürbringer & Cardoso de Sousa, 2007).

Epidemiología: Prevalencia e incidencia de las lesiones cerebrales adquiridas

La epidemiología es el estudio de la distribución y los determinantes de estados o eventos relacionados con la salud en poblaciones específicas, y la aplicación de este estudio al control de problemas de salud. se refiere a la frecuencia en que los problemas de salud ocurren en la población general (Last, 1988). Para poder comprender la epidemiología de una lesión cerebral es importante conocer su incidencia y prevalencia. La incidencia se refiere a la tasa de rango de ocurrencia de la condición (Brain Injury Association of America, 2016).

La prevalencia se refiere al número de personas con una condición en particular en un momento determinado. En el caso de lesiones cerebrales se describe el número de personas que actualmente viven con la condición. El Centro para la Prevención y Control de Enfermedades (CDC pos sus siglas en inglés) de los Estados Unidos lleva a cabo la mayor parte de la investigación de los datos de vigilancia en TCE, ACV y epilepsia. Las tasas de prevalencia reportadas para algunas de las causas de LCA son las siguientes:

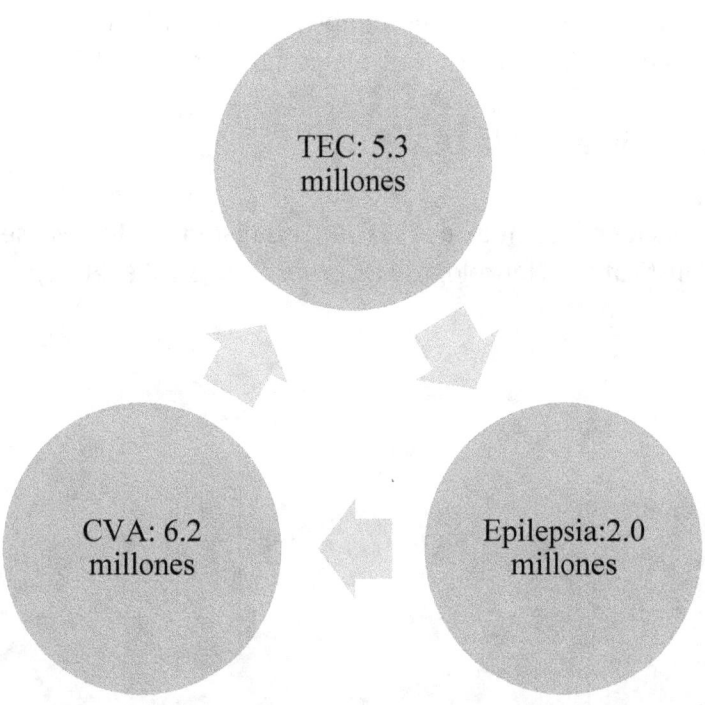

La LCA es la segunda discapacidad más prevalente (4.5 por ciento) entre la población de los Estados Unidos (Schiller et al., 2010 en BIAA, 2016).

La incidencia del daño cerebral adquirido está en aumento progresivo por la mayor edad de la población y por el aumento de la supervivencia de los procesos neurológicos graves, a consecuencia de la mejoría de los servicios de emergencia y los avances en los medios diagnósticos y terapéuticos (Alberdi et al., 2009).

El CDC ha denominado al TCE como la epidemia silente, y dentro de ella los mayores de 60 años constituyen una población con un riesgo significativo a sufrir de este tipo de lesión (Mosquera et al., 2010). Además, se ha reconocido al TCE más como un proceso de enfermedad que un evento discreto por los efectos irreversibles y crónicos para la salud (Masel and DeWitt, 2010). En un problema mayor de salud pública a nivel mundial (Ahman, Saverman, Stryke, Bjornstig, & Stalnacke, 2013) por su gran incidencia y prevalencia, efectos prolongados, repercusión individual y familiar, al igual que enormes costos socio-económicos (Alberdi, Iriarte, Mendía, Murgialdai y Marco, 2009). A los Estados Unidos les cuesta unos $56 mil millones al año y la mayor preocupación se encuentra en adolescentes de sexo masculino y adultos jóvenes entre las edades de 15 a 24 años como también en los ancianos de ambos sexos de 75 años o mayores (National Institute of Neurological Disorders and Stroke, 2016).

Mortalidad de la LCA

La incidencia anual de TCE en los Estados Unidos, según el CDC se estima (National Institute of Neurological Disorders and Stroke, 2016):

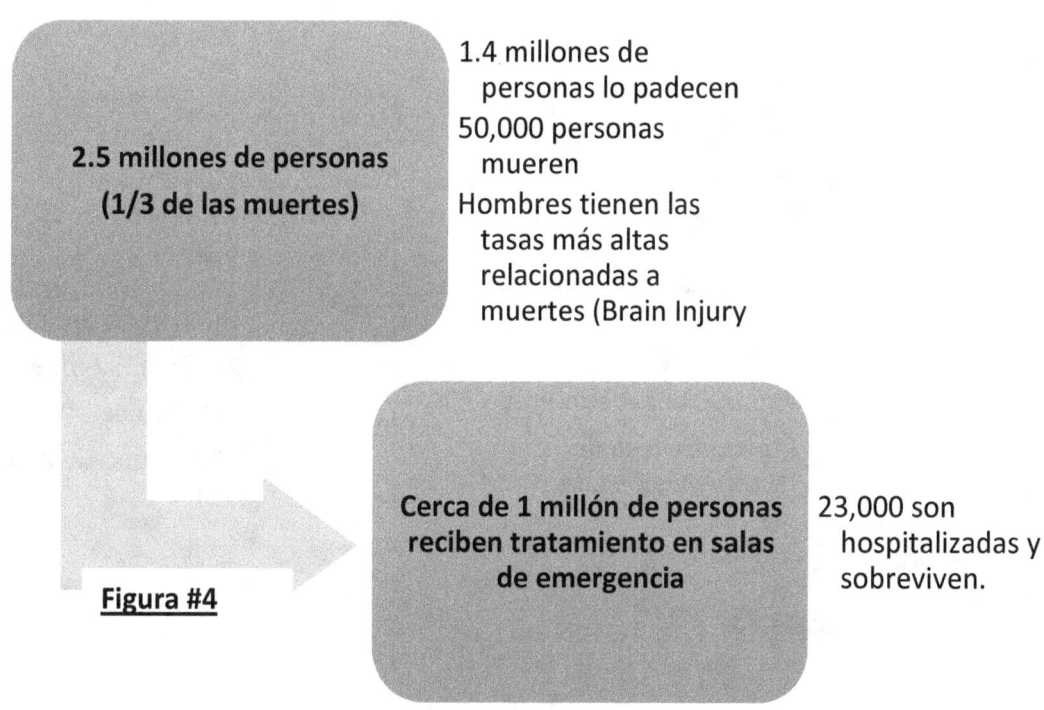

Figura #4

Las personas con lesiones cerebrales traumáticas son dos veces más propensas a morir como las personas que no tienen lesiones cerebrales, y tienen una reducción de aproximadamente 7 años en su expectativa de vida (Brain Injury Association of America, 2016). Las causas más comunes de mortalidad luego de sobrevivir están relacionadas a convulsiones, septicemia, pulmonía, condiciones respiratorias, problemas de circulación, suicidio y desórdenes digestivos.

De acuerdo al Dr. Pablo Rodríguez, Director Médico del Hospital de Trauma del Centro Médico de Puerto Rico, cada año aumenta el número de víctimas de trauma que sufren lesiones severas del cerebro, debido a caídas, accidentes automovilísticos o agresiones (Revista *Reporte Médico*, 2016). Añadió que las estadísticas del Hospital de Trauma para el año 2014, fueron las siguientes:

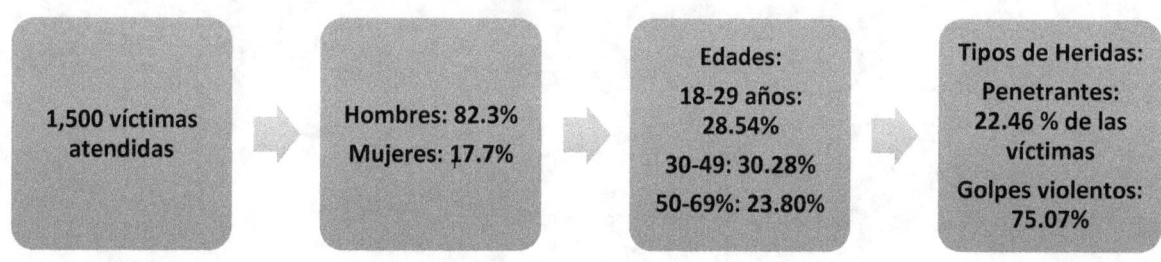

Respecto a los accidentes cerebrovasculares en Puerto Rico y en los Estados Unidos las estadísticas son las siguientes:

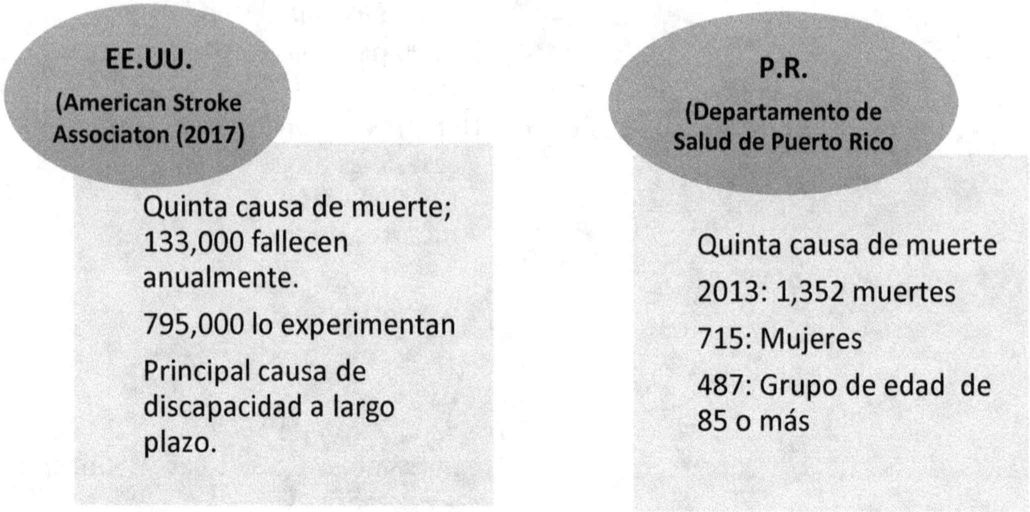

EE.UU.
(American Stroke
Associaton (2017)

Quinta causa de muerte;
133,000 fallecen
anualmente.

795,000 lo experimentan

Principal causa de
discapacidad a largo
plazo.

P.R.
(Departamento de
Salud de Puerto Rico

Quinta causa de muerte

2013: 1,352 muertes

715: Mujeres

487: Grupo de edad de
85 o más

Figura #5

La literatura establece que las mujeres sufren menos accidentes cerebrovasculares que los hombres, pero por lo general estas son más viejas cuando sufren los ACV y son más susceptible de morir a consecuencia de los mismos. Además, a pesar que el ACV puede ocurrir en todos los grupos de edades, las personas mayores tienen un riesgo más alto al duplicarse este después de los 55 años, según aumenta la edad (National Institute of Neurological Disorders and Stroke, 2017).

Capítulo II: Efectos neuropsicológicos de las lesiones cerebrales adquiridas (LCA)

Cuando las células cerebrales se lesionan, mueren y no son reemplazadas por nuevas células (Brain Injury Association of America, 2016). No obstante, el cerebro tiene un potencial adaptativo, por medio de la plasticidad neuronal (neuroplasticidad), que le permite modificar su propia organización y estructura. De esta manera, el cerebro se repone a los trastornos o lesiones, reduciendo los efectos de las alteraciones estructurales (Galaburda, 1990).

La neuroplasticidad va a depender de varios factores tales como: la edad, la estimulación sensorial luego de la lesión, las alteraciones previas que el sujeto sufre antes de la lesión (hipertensión arterial, diabetes mellitus, entre otras) y la cantidad de tejido cerebral destruido (Yusta, 2015).

¿Qué es la neuropsicología?

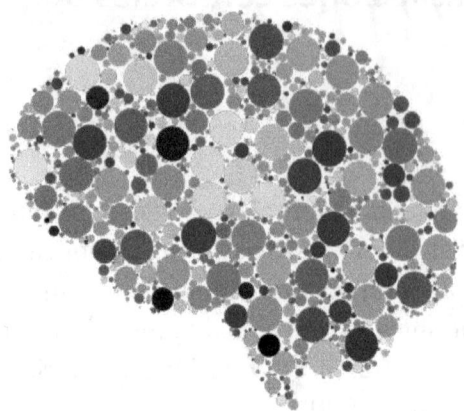

La neuropsicología es la ciencia que aplica los principios de la relación entre cerebro y comportamiento a individuos con varias lesiones o enfermedades neurológicas, al igual que otras condiciones médicas, del desarrollo y/o psiquiátricas (National Academy of Neuropsychology, 2001).

En el contexto de rehabilitación, la rehabilitación neuropsicológica, se encarga de la intervención de los procesos cognitivos alterados, permitiendo un mejor nivel de procesamiento de información, y una mayor adaptación funcional del sobreviviente con daño neurológico adquirido (Carvajal-Castrillón & Restrepo, 2013).

La evaluación neuropsicológica puede ser útil para identificar las fortalezas y debilidades cognitivas que pueden influenciar la habilidad del paciente para beneficiarse del programa de rehabilitación (Benson & Pavol, 2007). Al mismo tiempo, sus resultados pueden ser utilizados para sugerir enfoques terapéuticos y el manejo de medicación.

El tener conocimiento sobre las bases neurológicas funcionales y disfuncionales después de una lesión cerebral puede facilitar la comprensión de los cambios, lo cual permite desarrollar procedimientos efectivos en la rehabilitación (Aguilar, 2003).

Secuelas de una LCA

La probabilidad de sobrevivir luego de sufrir una lesión adquirida es cada día mayor debido a los avances de la medicina en relación a la asistencia a emergencias y cuidados intensivos; sin embargo, este aumento de supervivencia incrementa el número de individuos que tienen secuelas y alteraciones funcionales producidas por el daño cerebral adquirido (Gutiérrez, De los Reyes, Rodríguez, & Sánchez, 2009).

La lesión cerebral adquirida usualmente resulta en una matriz compleja de alteraciones biopsicosociales asociadas en muchos casos con una incapacidad a largo plazo e incluye deterioro cognitivo, cambios en la conducta, problemas emocionales y limitaciones físicas (Coetzer, 2013). Estas afectan el funcionamiento biológico, emotivo y social, que varían en severidad dependiendo de la extensión y localización de la lesión, edad, personalidad premórbida y las circunstancias sociales particulares del individuo. Estas incluyen el apoyo familiar y el acceso a servicios de rehabilitación, entre otros (Lezak, Howieson, Loring, Hannay, & Fischer, 2004).

Además, se debe considerar: el nivel académico, ya que puede variar entre individuos desde uno limitado a uno extenso (Elbaum & Benson, 2007) y los aspectos relacionados con la biografía del/a paciente, al igual que la posible interferencia de otras alteraciones psicológicas como depresión, ansiedad, apatía y dolor crónico (Pérez & Vázquez, 2012).

Para muchas personas resulta en un proceso de recuperación largo, no lineal, repetitivo, y que involucra cambios de vida repentinos e inesperados tanto para el individuo como para la familia (Nichols & Kosciulek, 2014). Los cambios potenciales luego de una lesión cerebral ocurren a nivel físico, cognitivo, y del comportamiento.

Estos cambios de vida se manifiestan de las siguientes maneras: (Lezak et al., 2004):

Tabla #5

Nivel	Secuelas
Físico	Problemas sensoriales/perceptuales: doble visión, fotofobia, mareos, fatiga, sordera, dolores de cabeza, sensibilidad al ruido y discapacidad visual; problemas motores: pobre coordinación de movimientos, ataxia, movimiento ocular involuntario, parálisis, debilidad y adormecimiento; y problemas de estructura: atrofia muscular, acortamiento de las extremidades y aumento de peso.
Cognitivo	Tiempo de reacción más lento, lentitud de procesamiento, pobre concentración y atención, problemas de memoria, dificultad en recobrar la información, confusión, desorientación, inhabilidad para pensar claramente, aprendizaje espacial y funciones ejecutivas comprometidas.
Comportamiento (Conductual)	*Aumento de distracción e irritabilidad, dificultad en realizar múltiples tareas, angustia emocional, fatiga, actividades automáticas se convierten en un esfuerzo, depresión y ansiedad, disturbios del sueño, baja autoconfianza, disminución de iniciativa, afecto planado, impulsividad, la planificación y auto monitoreo automático son frecuentemente comprometidas, disminución o aumento del placer sexual, aislamiento social, falta de empatía, y las actitudes autorreflexivas o autocriticas se ven muy disminuidas.* *Además, deterioro de la capacidad de autocontrol, comportamiento impredecible, la inhabilidad de sacar provecho de la experiencia compromete la capacidad de aprendizaje social y baja conciencia de sí mismo/a. En adición, en la conducta, se observa un cambio de personalidad aumentando las manifestaciones de agresividad, desinhibición, apatía egocentrismo, depresión y ansiedad.*

Cambios a nivel emocional: daño orgánico vs. reacción psicológica

Los cambios emocionales y sociales luego de una lesión pueden ser como resultado de un daño orgánico o una reacción a la lesión, o pueden ser una combinación de las dos (Elbaum & Benson, 2007). Los cambios psicosociales que se consideran orgánicos son principalmente resultado de lesiones fronto-temporales que incluye: falta de habilidad para mostrar empatía, desinhibición, comportamiento infantil, apatía, labilidad emocional, irritabilidad y suspicacia (Elbaum & Benson, 2007).

1. La **primera causa** de cambios emocionales se relaciona a daño en áreas cerebrales de la memoria como la amígdala, giro cingulado, ínsula, globos pálidos, lóbulo temporal y las cortezas orbito frontales (Klonoff, 2010), que afecta la modulación y la evaluación de las emociones (Klonoff, 2010).

2. La **segunda causa** se relaciona a que las emociones se ven afectadas por las reacciones a los cambios por circunstancias de vida, incluyendo un aumento en los estados de ansiedad y agitación emocional (Klonoff, 2010). Las reacciones emocionales típicas del LCA observadas clínicamente incluyen tristeza y frustración debido a factores como la pérdida de identidad, reverses largos, disminución de control, cambio de estatus, falta de apoyo en el hogar o empleo y pérdida de esperanza acerca del futuro (Pepping & Roueche, 1990).

Áreas cerebrales y los déficits relacionados

Hemisferios cerebrales: la localización de una lesión cerebral adquirida, ya sea en el hemisferio izquierdo o derecho, usualmente determina los efectos emocionales, conductuales y la personalidad, que surgen luego de la lesión (Ruff & Chester, 2014).

Hemisferio Izquierdo: Deterioro en el Lenguaje (incapacidad en nombrar objetos e incomprensión de lenguaje) y en la Comunicación (Gutiérrez et al., 2009).

Sobre simplificación de las formas espaciales y en la incorporación de los detalles (Gutiérrez et al., 2009).

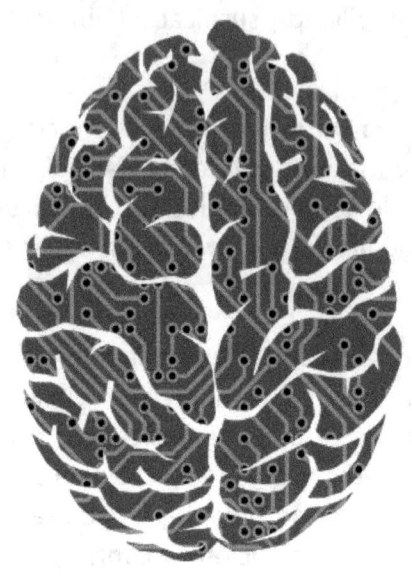

Hemisferio Derecho: Cambios emocionales (apatía), falta de autoconciencia conocida como anosognosia: afecta introspección, disociación entre saber y hacer, disturbios en la continuidad y autorregulación (Cicerone et al., 2006)

Falta de integración espacial (Gutiérrez et al., 2009).

Lóbulos cerebrales

Lóbulo Frontal: comportamiento inapropiado y de desinhibición. Deterioro en las funciones ejecutivas y cambios de personalidad (Brain Injury Association of America, 2016).

Lóbulo Temporal: irritabilidad y agresión (Gutiérrez et al., 2009)

Temporal derecho: dificultad proceso de memoria visual.
Temporal izquierdo: afección de memoria verbal (Gutiérrez et al., 2009).

Frontal derecho: afecta la memoria, el control ejecutivo (habilidad de planificar, organizar y solucionar problemas) con una motivación e inercia baja (Butler & Satz, 1988).

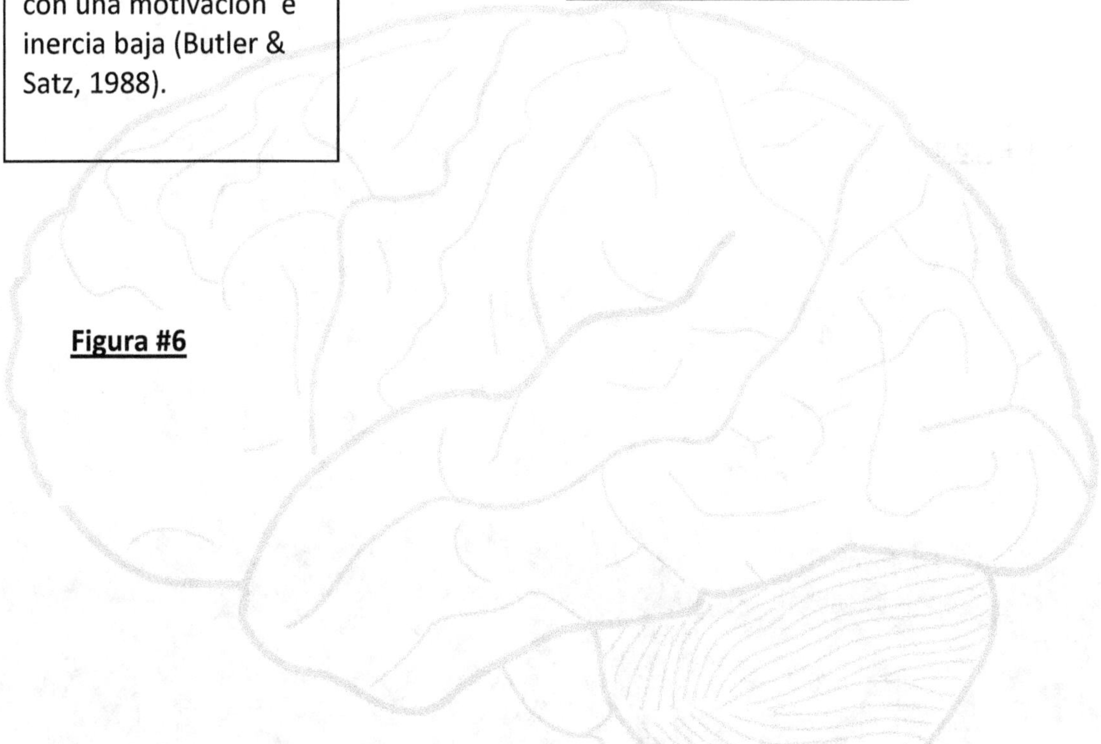

Figura #6

Cortezas Cerebrales

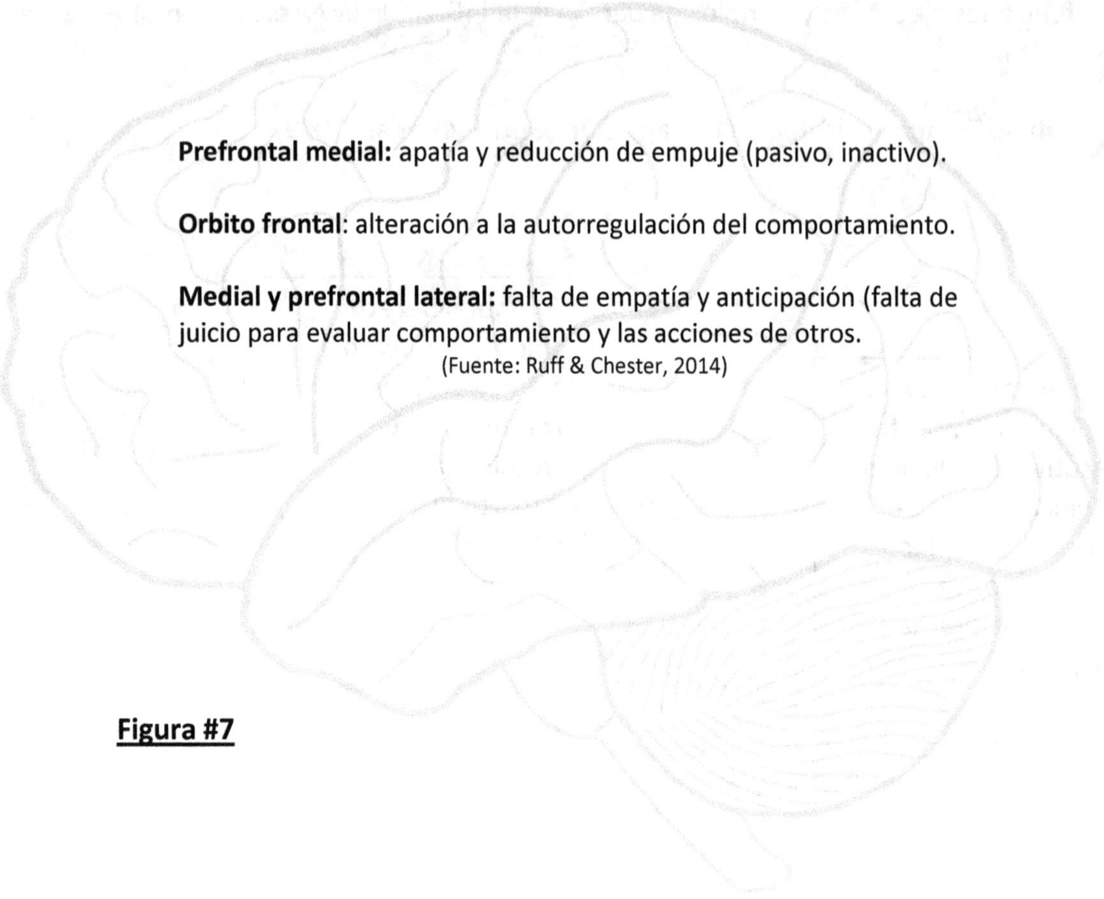

Prefrontal medial: apatía y reducción de empuje (pasivo, inactivo).

Orbito frontal: alteración a la autorregulación del comportamiento.

Medial y prefrontal lateral: falta de empatía y anticipación (falta de juicio para evaluar comportamiento y las acciones de otros.
(Fuente: Ruff & Chester, 2014)

<u>**Figura #7**</u>

Falta de Autoconciencia

La capacidad de autoconsciencia puede alterase por diferentes enfermedades y lesiones cerebrales, incluyendo la esquizofrenia, el Alzheimer, los traumatismos craneoencefálicos (TCE) y accidentes cerebrovasculares, entre otros (Ramírez, 2010).

¿Qué es la autoconciencia?
- Es la capacidad de experimentarse a sí mismo/a y percibir conscientemente las propias capacidades y estados internos (Ownsworth, 2014).
- Elemento esencial que proporciona un sentido sobre qué es real ahora y lo que fue real en el pasado.
- Ayuda a la persona con lesión cerebral a comprender mejor los efectos de su lesión.
- Desde la perspectiva de la lesión cerebral: habilidad de entender la naturaleza y efectos de los impedimentos, incluyendo la necesidad de rehabilitación (Coetzer, 2014).

Las alteraciones la autoconciencia provocan trastornos que pueden afectar las capacidades de reconocer la propia enfermedad o déficits, llevar a cabo ajustes conductuales, realizar actividades de autocuidado, mantener e iniciar relaciones sociales, y originando además sobreestimación de la capacidad cognitiva (Ramírez, 2010). A partir del aspecto neuropsicológico se le conoce a esta falta de autoconciencia por lesión cerebral como anosognosia (Senelick & Dougherty, 2001), y cuando ocurre un daño orgánico, la persona se sorprende cuando se le señalan sus dificultades.

La falta de conciencia de la lesión cerebral también puede resultar como una reacción contra la realidad de la vulnerabilidad y la mortalidad (Patterson & Staton, 2009).

Existe relación bidireccional entre la conciencia y el ajuste emocional luego de una LCA (Fleminger, Oliver, Williams, & Evans, 2003).

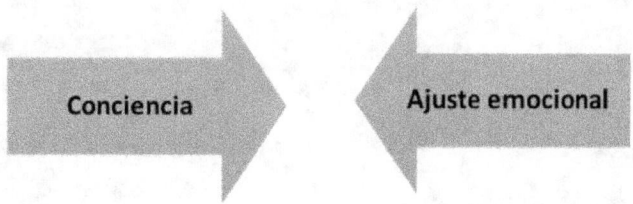

Los cambios de estado de ánimo pueden conducir a alteraciones de la conciencia y la falta de esta a la angustia. Es un reto diferenciar entre la falta de conciencia orgánica de la negación psicológica. No obstante, las personas que niegan sus déficits manifiestan más resistencia cuando se le señalan sus dificultades (Kortte, Wegener, & Chwalisz, 2003).

En ambas circunstancias (nivel neurológico y nivel psicológico), la falta de autoconciencia puede inicialmente proteger al individuo de angustia emocional y a la vez complicar o impedir los esfuerzos de tratamiento y rehabilitación (Ownsworth, 2014). El proceso de autoconciencia se va formando a través de las experiencias que la persona va generando en su interacción con el medioambiente y otras personas (Ramírez, 2010).

¿Qué es la Rehabilitación?

El término rehabilitación se deriva de las raíces Latinas re (de nuevo) y habilitare (ajustarse), e incorpora el aprendizaje de acciones, comportamientos o información que pueden hacer que el/ la paciente se ajuste (Sohlberg & Turkstra, 2011).

La neurorehabilitación es el proceso activo que se utiliza con individuos con alguna lesión o enfermedad y su objetivo es intentar una recuperación óptima, la cual permita el desarrollo físico, mental y social para la integración a su entorno (López, 2012).

Enfoque y características de la Rehabilitación de LCA

El proceso de rehabilitación luego de una LCA es uno integrativo en el que los profesionales y la persona con discapacidad trabajan conjuntamente para lograr el máximo nivel de funcionamiento físico, social, psicológico y profesional.

Este proceso involucra la atención al paciente de varios profesionales de diferentes especialidades como: neurocirujano, fisiatra, neurólogo, psiquiatra, neuropsicólogo, psicólogo o consejero, optómetra, terapista ocupacional, terapista del lenguaje y del habla, entre otros.

La recuperación y el ajuste de un sobreviviente luego de la lesión depende de la naturaleza y la extensión de la lesión cerebral y sus efectos en la cognición, emociones y conductas (Klonoff, 2010). La rehabilitación resulta compleja en personas con daño cerebral y requiere diseño de tratamientos individualizados (Bilbao y Bombín, 2009). Esto significa que los profesionales de la salud mental no deben asumir que dos individuos que estén en la misma categoría de lesión cerebral tengan las mismas limitaciones en función o los mismos problemas emocionales (Patterson & Staton, 2009).

El/la paciente luego de una lesión cerebral se enfrenta a un proceso retador de hacer sentido de lo que ocurrió y adaptarse a los cambios principales de su funcionamiento y estilo de vida. Su rehabilitación consta de dos fases: la aguda y la subaguda, las cuales se diferencian por el tipo de necesidad de la persona, el entorno donde se realiza, los objetivos planteados y la forma de trabajar de los profesionales, y la intensidad y el tiempo dedicado a lograr los objetivos (Bilbao & Bombín, 2009).

El enfoque de la rehabilitación (Bilbao & Bombín, 2009)

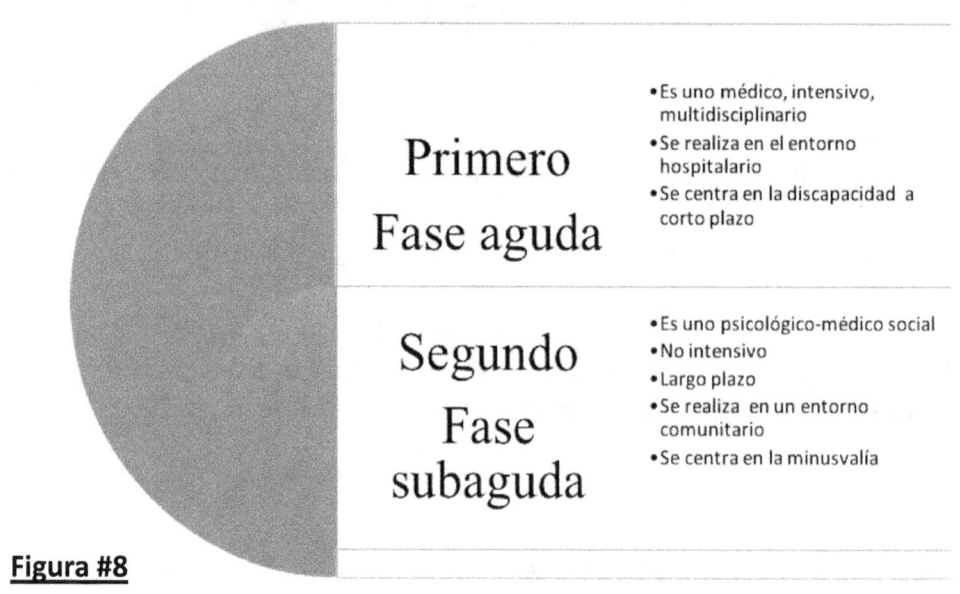

Primero
Fase aguda

- Es uno médico, intensivo, multidisciplinario
- Se realiza en el entorno hospitalario
- Se centra en la discapacidad a corto plazo

Segundo
Fase
subaguda

- Es uno psicológico-médico social
- No intensivo
- Largo plazo
- Se realiza en un entorno comunitario
- Se centra en la minusvalía

Figura #8

El foco luego de la fase médica aguda cambia de sobrevivir a esfuerzos de recuperación y rehabilitación para maximizar las funciones físicas, del lenguaje y habla, cognoscitivas y conductuales (Ownsworth, 2014).

El proceso global de adaptación se caracteriza por una interacción continua y compleja entre dos procesos: lograr una máxima restauración del funcionamiento, y ajustarse a las alteraciones y pérdidas que ocurren en varios de los dominios del funcionamiento físico y psicosocial (Brands, Wade, Stapert, & Van Heugten, 2011).

Es esencial entrenar al paciente en autoconciencia, promoviendo una perspectiva realista de sus fortalezas y limitaciones (Carvajal-Castrillón, 2013). Mejorar la autoconciencia y el autoconocimiento son condiciones para la inversión personal activa del paciente, su progreso y recuperación luego de una lesión cerebral (Klonoff, 2010).

Usualmente, la autoconciencia se considera generalmente una señal positiva para la participación en la rehabilitación, a pesar que esta se ha relacionada con angustia emocional como la depresión y la ansiedad. Para muchos pacientes, la autoconciencia se desarrolla a medida que pasa el tiempo, después de la lesión o la aparición, y comienzan a entender el impacto total cuando intentan regresar a sus actividades valoradas (Fleming, 2010).

Modelo holístico de actuación sobre los déficits de conciencia

El modelo holístico de actuación sobre los déficits de conciencia tiene como objetivo que los pacientes sientan la necesidad de iniciar una rehabilitación. Este consta de tres niveles de intervención diferenciados y de adquisición progresiva (**Caballero-Coulon, Ferri-Campos, García-Blázquez, Chirivella-Garrido, Renau-Hernández, Ferri-Salvador, & Noé-Sebastián, 2007**).

1. **Primer nivel**: percepción de los déficits (conciencia intelectual).

2. **Segundo nivel**: conciencia de las repercusiones funcionales que estos déficits implican (conciencia emergente).

3. **Tercer nivel**: capacidad de adaptación realista al futuro en función de las limitaciones individuales (conciencia anticipatoria).

Los psicólogos de rehabilitación reconocen que la reconstrucción de la identidad es una preocupación central del proceso de ajuste luego del inicio de una discapacidad (Gendreau & Sabionniére, 2014).

La familia, pareja o cuidador principal
y su importancia en la rehabilitación

Las familias forman parte esencial del proceso de recuperación y facilitan al resto del equipo la información más precisa sobre los síntomas y las dificultades con la que el/la sobreviviente se encuentra en su vida diaria. Esas trabajan diariamente para mantener y reforzar las mejoras conseguidas, al igual que son de vital importancia para mostrar y animar al paciente en su esfuerzo diario para recuperarse (Navarro, Martínez & Ferri, 2013).

Los familiares se ven afectados por la necesidad de afrontar un trauma inicial y los cambios (físicos, cognitivos y conductuales) en su ser querido, que se producen como consecuencia de la lesión cerebral (Navarro, Martínez & Ferri, 2013).

Durante la última década, los equipos de neurorehabilitación han adquirido una mayor conciencia sobre la necesidad de considerar el estado emocional de familiares y cuidadores de los sobrevivientes de lesiones cerebrales adquiridas como focos centrales de intervención (Deccarett, Garreaud, Castro, Gallardo, Peñafiel, Radovic, & Salas, 2015). Esto como resultado del creciente número de estudios que describen la importancia de los niveles de malestar psicológico en las familias y su impacto en el proceso de rehabilitación. Existe evidencia que sugiere una relación entre estrés emocional del cuidador durante la etapa subaguda y disminución en la calidad de vida (Deccarett et al., 2015).

El alto nivel de malestar psicológico (ansiedad y somatización) en el cuidador no sólo tiene implicaciones a nivel personal sino también influye en la recuperación del paciente y media la colaboración entre la familia y el equipo rehabilitador (Deccarett et al., 2015). De acuerdo a Navarro, Martínez y Ferri (2013), una familia bien informada, organizada y que trabaje en colaboración con el equipo de rehabilitación podrá esperar obtener mejores resultados que si el paciente actúa por sí solo.

Algunas de las investigaciones y las observaciones clínicas han documentado secuelas agudas y duraderas en las familias que tienen un ser querido con una lesión cerebral (Klonoff, 2010). La naturaleza y las causas de esta angustia emocional puede ser debido a:
   a) Las dinámicas familiares que contribuyen al estrés del cuidador.
   b) Las relaciones específicas entre los miembros familiares y el sobreviviente.
   c) Presiones sociales en los/as esposos/as al no poder "grieve" sus pérdidas o divorciarse de su pareja lesionada (Klonoff, 2010).
   d) Relocalización o cambio de roles, pérdida de la relación recíproca, cambio en fuentes de ingreso y cuidado de los hijos (Klonoff, 2010).

Algunos investigadores han informado experiencias positivas y estrés limitado en los cuidadores (Machamer et al., 2002), incluyendo tasas menores de divorcio y matrimonios o relaciones relativamente estables luego de la lesión (Klonoff et al, 2006). De acuerdo a Jacobs (1989) existen múltiples contribuciones positivas que pueden hacer los familiares en la rehabilitación global de sus seres queridos como:

a) Proporcionar apoyo y más horas de contacto con el afectado.
b) Pueden estar más motivados a continuar tratamientos intensivos y a largo plazo para conseguir importantes mejoras cuando otras personas han abandonado. El uso continuo de parte de la familia de estrategias de afrontamiento conductual y de solución de problemas se relaciona significativamente con unos niveles más bajos de depresión en la persona con lesión cerebral traumática (Fernández & Muñoz, 1997).
c) La familia puede llevar a cabo rehabilitación y entrenamiento diario con la guía y supervisión adecuada, y a un costo mucho más bajo (Fernández & Muñoz, 1997).
d) Los familiares se pueden también beneficiar al entender y comprender mejor lo que le está ocurriendo al afectado y constituye un medio para que estos disminuyan sus sentimientos de culpa, indefensión y de enfado, y puedan convertirse en una fuerza productiva de la rehabilitación del paciente (Fernández & Muñoz, 1997).
a) e) Los familiares informados y preocupados son usualmente los mejores defensores de la persona con discapacidad.

Capítulo III: Efectos psicológicos de una LCA

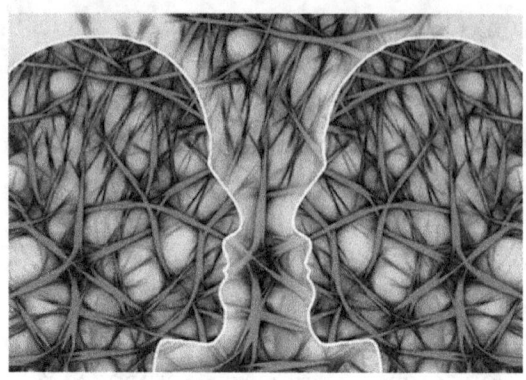

"No siento que soy la misma persona de antes"

La lesión cerebral adquirida no sólo es un proceso neuropatológico sino también un proceso psicológico único por su impacto profundo en el sentido del "self", al haber ruptura de la continuidad de lo que es la persona (Moldover, Goldberg & Prout, 2004).

El sentido del "self" refleja nuestro "yo" pasado y presente, al igual que el posible o el que podríamos llegar a ser (Ownsworth, 2014).

Luego de una LCA, la persona tiene la tarea de integrar tres percepciones separadas del "self" (Gordon & Hibbard, 1992):

Figura #9

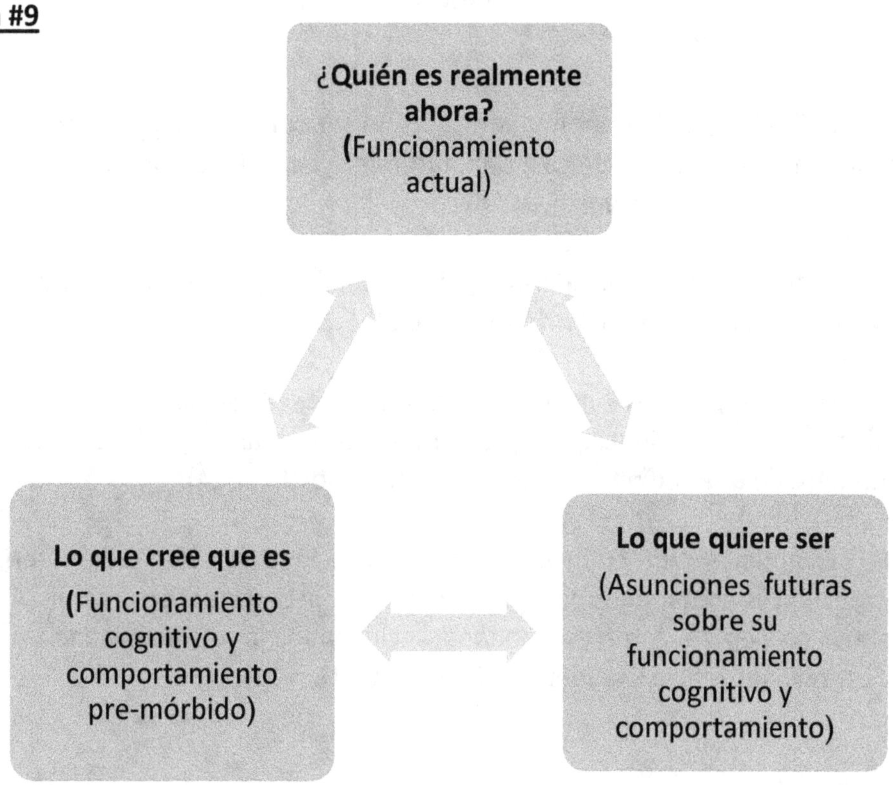
¿Quién es realmente ahora?
(Funcionamiento actual)
Lo que cree que es
(Funcionamiento cognitivo y comportamiento pre-mórbido)
Lo que quiere ser
(Asunciones futuras sobre su funcionamiento cognitivo y comportamiento)

¿Qué es el "self"?

El "self" ha sido denominado como el ser consciente y el agente responsable de pensamientos y acciones únicas, o la naturaleza esencial de una persona que perdura a través del tiempo (Ownsworth, 2014).

Varios autores consideran que el "self" surge del cerebro y es producto de nuestra biología y cultura (Ownsworth, 2014).

Desde el punto de vista neuroatómico, el "self" se considera sinónimo con o pre-requisito para la conciencia, ya que para experimentar un "self" unificado y consciente se requiere de una red neural integrada (Ownsworth, 2014).

Es importante reconocer que el "self" incluye no sólo las características estables del individuo sino también las que están en constante construcción. Además, abarca muchos conceptos interrelacionados incluyendo la autoconciencia, autoconcepto, autoestima, autoeficacia e identidad (Ownsworth, 2014).

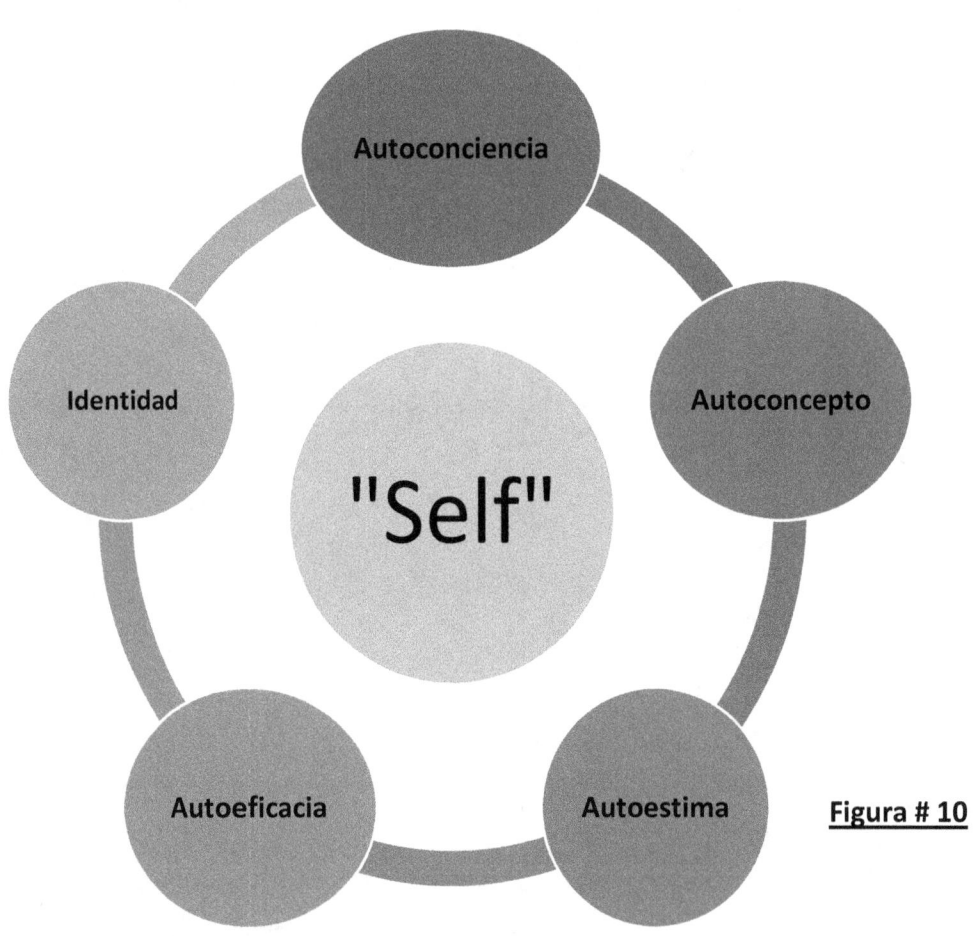

Figura # 10

Conceptos del "Self"

Autoconciencia ("self-awareness"): es la capacidad de experimentarse a sí mismo/a como algo distinto a los demás y al medio ambiente; y percibir conscientemente las propias capacidades y estados internos (Ownsworth, 2014).

- Un constructo más amplio y la definen como la capacidad de percibir el "self" en términos objetivos, mientras se mantiene un sentido de subjetividad. Además, comprende una interacción continua de pensamientos y sentimientos, a un alto nivel de organización e integración de las estructuras cerebrales (Prigatano & Schachter, 1991)

Autoconcepto: es comúnmente descrito como los pensamientos y sentimientos que una persona tiene acerca de sí mismo/a para llegar a una definición del "self" (de sí mismo/a) (Ownsworth, 2014).

- Es una identidad multifacética compuesta por nuestras características personales, sentimientos, roles sociales y estados que el individuo reconoce estar relacionado a o ser parte de él (Gendreau & Sabionniére, 2014).
- Incluye conciencia de las características únicas y estables, valores, conductas y auto identificación basada en la comparación con otras personas (Ownsworth, 2014).
- La evidencia ha sugerido que los individuos experimentan una experiencia de un pobre autoconcepto luego de una lesión cerebral traumática (Vickery, Gontkovsky, & Carosseli, 2005) y se ha propuesto que esto es debido al añorar ("mourn") la identidad anterior (Coetzer, 2008).
- Las alteraciones significativas en el autoconcepto ocurren en muchas lesiones cerebrales y esa pérdida de sentido del "self" evoca una respuesta parecida a un duelo (Coetzer, 2014).

Autoestima: componente evaluativo del autoconcepto o los juicios que un individuo realiza acerca de su propio valor y competencia.

Autoeficacia; la evaluación personal o creencias de la persona de su habilidad para desempeñarse en tareas específica o ajustarse a ciertas situaciones (Bandura, 1989).

- De acuerdo a la teoría de autoeficacia de Bandura, la autoeficacia percibida se refiere en creer en las capacidades propias para organizar y ejecutar los cursos de acción requeridos para alcanzar logros. Las creencias de eficacia no sólo se ocupan del ejercicio del control sobre la acción, sino que además con la autorregulación de los procesos de pensamiento, motivación, y estados afectivos y psicológicos (Brands et al., 2012).

Identidad propia: se refiere ampliamente a la auto comprensión de una persona sobre su propio potencial, sus cualidades y su identidad interna a lo largo del tiempo (Ownsworth, 2014).

- Representa la conciencia y la continuidad de la identidad de uno mismo (Ownsworth, 2014).
- La perspectiva neuropsicológica explica que la identidad propia requiere conciencia y continuidad de nuestra identidad interior; conciencia de uno mismo en relación a otros y el mundo exterior (Ownsworth, 2014).
- La identidad puede ser una comprensión activa y dinámica del "self", que las personas derivan de las interacciones entre ellos y sus ambientes (Walsh, 2015).
- A pesar que la identidad personal se construye y se experimenta subjetivamente, no está separada del contexto social del cual desarrollamos nuestra identidad social al ser miembros y parte de un grupo social (Ownsworth, 2014).
- Esta identidad social significa que somos como los demás y podemos percibir las cosas desde una perspectiva compartida. Además, creamos una identidad de rol basada en las diferentes percepciones y conductas relacionadas a los ciertos roles que asumimos (Ownsworth, 2014).
- La identidad es un asunto personal y social, y por lo tanto los contextos sociales y las interacciones son altamente centrales en el proceso de reconstrucción luego de una lesión cerebral (Krogh, 2015).

Sentido de pérdida del "self"

La pérdida no está sólo restringida a la muerte de otra persona, sino que podría surgir por cualquier cambio, incluyendo la discapacidad física (Coetzer, 2014).

La pérdida del "self" luego de una lesión cerebral, se ha propuesto como un concepto (Coetzer, 2008; Judd & Wilson, 1999) y ha sido investigada en estudios cuantitativos.

El sentido de pérdida de uno mismo ("self") es una experiencia común en personas que han sobrevivido una lesión cerebral adquirida, ya que puede dar lugar a impedimento en todas y cada una de las áreas del funcionamiento (físico, cognitivo, emocional y social) (Myles, 2004), pero no todos la experimentan.

Como resultado de una lesión cerebral el sentido del "self" del sobreviviente se ha sacudido, y ahora tiene que crear una vida nueva. Esto le puede crear una ansiedad intensa y llevarlo a participar de la catastrofización (Patterson & Staton, 2009).

Las declaraciones personales, pensamientos, e imágenes conducen a muchos, a través del miedo a imaginar los peores resultados posibles de las situaciones (Patterson & Staton, 2009). Tanto la pérdida de independencia y control que experimentan los sobrevivientes de lesiones cerebrales, como la pérdida del sentido del "self", les puede traer aislamiento, y la necesidad de apoyo emocional y físico. El miedo de perder el apoyo familiar es un tema central, especialmente para los que han realizado que sus vidas son dramáticamente diferentes después de la lesión (Patterson & Staton, 2009).

La pérdida de memoria afecta la integración de los eventos, lo cual amenaza la integridad del "self" y la identidad central (Klonoff, 2010). Esto se debe a que la pérdida de la memoria autobiográfica, como parte de la amnesia retrógrada remueve grandes partes de la historia personal, mientras que la amnesia anterógrada interfiere también en las narrativas interrumpiendo con su construcción (Segal, 2010).

La pérdida del "self" luego de una lesión cerebral también está asociada con una falta de noción clara acerca del autoconocimiento, pérdida de sí mismo en comparación (alteraciones en la autoimagen pasada a la presente), y pérdida de uno mismo ante los ojos de otros (Klonoff, 2010).

No existe una definición ampliamente aceptada sobre la pérdida del sentido del "self" dentro de la literatura de lesiones cerebrales. No obstante, existe un **consenso sobre sus características** (Myles, 2004):

Primero

Involucra que el/la sobreviviente tenga conciencia de que no es la misma persona que era antes de la lesión.

Segundo

El/la sobreviviente realiza evaluaciones negativas sobre cambios post-lesión en su funcionamiento.

El tipo de personalidad del sobreviviente antes de la lesión aparenta ser un factor importante en el proceso (Miller, 1993).

Los supervivientes que tenían una percepción positiva sobre su funcionamiento son particularmente

Tercero

Usualmente, la pérdida del sentido de "self" se relaciona con angustia emocional, la cual se manifiesta en coraje, ansiedad, depresión y duelo.

Cuarto

Es común la respuesta de negación de los supervivientes sobre los cambios en el funcionamiento, especialmente cuando comienzan a experimentar la angustia emocional que acompaña la conciencia de los cambios evaluados negativamente.

Esto conduce a una respuesta protectora ante el reconocimiento de la discapacidad y

Figura # 11

La negación en el contexto de la pérdida del sentido del yo ("self") es distinta de la negación que resulta de los déficits de autoconciencia, que son una consecuencia común de algunos tipos de lesión cerebral (Prigatano, 1999). Usualmente la negación es una defensa contra la depresión y la ansiedad (Patterson & Staton, 2009).

Los mecanismos de defensa sirven para proteger a la persona de la conciencia de sus pérdidas y su correspondiente aflicción emocional (Coetzer, 2013) La negación como una estrategia de afrontamiento a largo plazo no es viable porque los esfuerzos por evitar las emociones y los pensamientos típicamente resultan en un aumento en su frecuencia e intensidad (Myles, 2004). Esto puede llevar a un sentido de pérdida de control y a una angustia psicológica. Además, la persona para evitar que otros conozcan sobre sus cambios en su funcionamiento (evaluados negativamente), son propensos a vivir vidas restrictivas y llegar a evitar socializar con estos.

Una forma de trabajar los esfuerzos de negación es a través de la aceptación, que incluye el experimentar voluntariamente las emociones y pensamientos. Antes de aceptar, la persona debe conocer (estar conscientemente consciente de) aquello que necesita aceptar (Myles, 2004). La evidencia empírica sugiere que los individuos con TCE usualmente experimentan deterioro de la comunicación a largo plazo, la cual se ha asociado a una reducción en la interacción social, productividad y satisfacción de vida (Nichols & Kosciulek, 2014).

Duelo / Pérdida del sentido del "self"

Los estudios longitudinales y transversales sugieren que el duelo, y en específico el duelo por una pérdida percibida de cambio en la identidad personal, puede contribuir a la experiencia de la depresión y la baja autoestima luego de una lesión cerebral traumática (Carroll & Coetzer, 2011).

Una vez la persona adquiere una lesión cerebral, debe enfrentarse a la tarea de afrontar un sentido de pérdida/duelo único al tratar de alinear su autoimagen con una nueva realidad determinada por los déficits cognitivos, conductuales y emocionales ligados al daño cerebral (Aniskiewicz, 2007).

Los términos dolor, duelo y luto se usan a menudo sin distinción (Herbert,1998). El Instituto Nacional del Cáncer del Instituto Nacional de Salud (NIH, por sus siglas en inglés, 2013) define estos tres términos:

Dolor
- ("Grief") Proceso normal de reaccionar ante una pérdida.

Duelo
- (Bereavement) Periodo después de una pérdida, durante el cual el dolor se experimenta y el luego ocurre el luto ("mourning").

Luto
- Proceso mediante el cual la persona se adapta a una pérdida.
- Está influenciado por las costumbres culturales, rituales y las reglas de la sociedad para hacer frente a la pérdida.

Los pacientes pueden experimentar **aflicción, tristeza y dolor** ("grief") como producto del aumento de su conciencia sobre las consecuencias de la lesión cerebral (Klonoff, 2010). El "grief" se refiere a las reacciones afectivas a la pérdida tanto subjetivas (autopercepción de sus deficiencias adquiridas) como objetivas (cambios en el status de empleo, económicos, el manejar automóviles). Estas reacciones afectivas usualmente se manifiestan a través de "shock", miedo, coraje, auto reproche y/o ansiedad (Coetzer, 2006). El proceso de duelo se puede caracterizar por la búsqueda de la recuperación, la fluctuación entre la euforia y la desesperación y una exacerbación de los sentimientos de rabia (Smith & Godfrey, 1995).

El **dolor** y el **conflicto** están presentes antes y después del daño cerebral (Prigatano, 1999). No obstante, tras el daño cerebral la persona tiene menos recursos cognitivos y emocionales para afrentarlos por lo que Butler (1988) sugiere un paralelismo entre el característico proceso de duelo ligado al daño cerebral y las etapas de duelo propuestas por Kübler-Ross (negación, ira, negociación, depresión y aceptación) para pacientes con enfermedades terminales.

De acuerdo a Kübler-Ross (1999) las personas afectadas por la enfermedad pueden atravesar las cinco fases desde el momento que reciben el diagnóstico de la misma. Esta explica las etapas emocionales de recuperación de la siguiente manera.

Etapas emocionales de recuperación

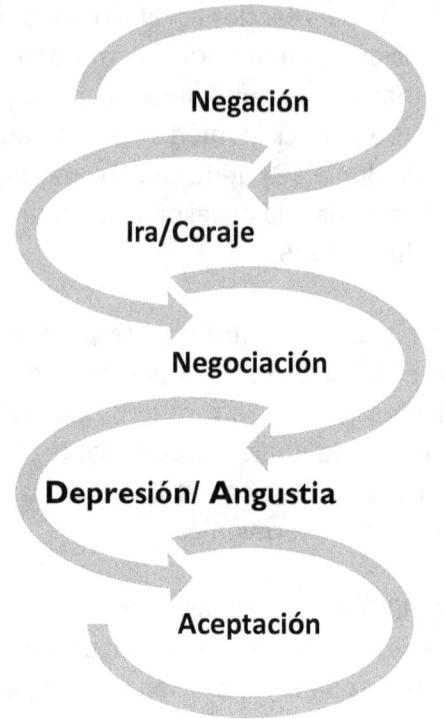

Negación

Ira/Coraje

Negociación

Depresión/ Angustia

Aceptación

1. **Negación:** muchos pacientes la experimentan como su primera etapa emocional y se sienten ansiosos, asustados, en "shock" y/o incrédulos acerca de su condición.

2. **Ira:** mientras que el daño cerebral puede causar directamente la ira, otros pacientes pueden enfurecerse cuando se dan cuenta de la magnitud de su pérdida. En esta etapa emocional de la recuperación, los sobrevivientes pueden culpar a otros, tener berrinches, gritar o sentirse frustrados.

3. **Negociación:** la persona hace declaraciones como realizar promesas o dar/pagar cualquier para mejorar. En esta puede haber cierto grado de aceptación de la condición o también negación persistente que los pacientes necesitan trabajar.

4. **Depresión:** tan pronto los pacientes comienzan a aceptar la naturaleza de su condición y las discapacidades que resultan de la misma, es probable que se abrumen, entristezcan y sufran de depresión. Esta etapa resulta difícil de trabajar al paciente sentirse incapaz y/o desesperanzado.

5. **Aceptación:** el/la paciente desarrolla una aceptación saludable de su condición, disfruta de una mayor autoestima, una actitud positiva y un sentido de esperanza para el futuro.

Los pacientes no necesariamente van a experimentar todas estas etapas de emociones, ni el orden exacto de las mismas. Sin embargo, todos los pacientes que se mueven a través de las etapas emocionales de recuperación van a experimentar al menos dos de estas antes de lograr la aceptación (Brain and Spinal Cord Organization, 2017).

Meredith y Rassa (Coetzer, 2014) describieron cómo las intervenciones psicoterapéuticas efectivas facilitan el ajuste a la lesión cerebral, ayudando al paciente a través de las fases de duelo de Kübler-Ross. Además, encontraron una asociación entre el nivel de consciencia del paciente y la etapa de duelo, por lo que entienden se debe evitar ver las etapas de duelo aisladas de la autoconciencia.

El duelo en su forma más severa puede crear sentimientos de desesperanza, impotencia y desespero cuando las pérdidas se perciben como catastróficas y permanentes. Algunos describen este estado como una "muerte parcial" y una pena (grief) irreconciliable (Klonoff, 2010), que puede escalar a un suicidio (Klonoff, 2010). La vulnerabilidad a la depresión y el suicidio puede estar relacionada a los factores psicológicos como el reconocer las pérdidas (Carroll & Coetzer, 2011).

Un nivel alto de angustia inicial es uno de los mejores predictores de la angustia posterior (Nehra, Bajpai, Sinha, & Khandelwal, 2014). Esta puede indicar que la persona está en riesgo de un pobre resultado de duelo. Por lo tanto, el alivio adecuado del dolor y el duelo puede ayudar a lograr una adaptación más efectiva a la pérdida.

La lesión cerebral adquirida es un proceso de desarrollo, que requiere un periodo de duelo en el que se pueda llorar y pueda surgir una nueva identidad (Moldover, Goldberg, & Prout, 2004). El conocimiento del/a paciente acerca de sus déficits, su capacidad para aceptarlos y acoplarse realísticamente a los mismos es central en todo el proceso de recuperación luego de una lesión cerebral (Klonoff, 2010). Sin embargo, los déficits en la autoconciencia, a raíz de la lesión cerebral comprometen muchas veces el proceso de ajuste emocional como el duelo (Salas & Coetzer, 2015).

Los resultados de un estudio cualitativo por Chamberlain (Salas & Coetzer, 2015) con 40 supervivientes de lesiones traumáticas cerebrales sugiere que el adquirir conciencia propia y sufrir ("grief") los cambios, es central para el ajuste psicológico de los mismos. En adición, el monitoreo continuo del nivel de autoconciencia y la prestación de apoyo emocional durante la reintegración a la comunidad es importante para asegurar que los/las pacientes son asistidos/as en la solución de problemas y empleen estrategias de ajuste a medida que desarrollan su autoconciencia (Fleming, 2010).

Las lesiones cerebrales en el lado derecho del cerebro se consideran que llevan a una discapacidad para llorar ("mourn") como resultado de las alteraciones neuropsicológicas de regulación de afecto y representaciones del self-otros (Coetzer, 2013). Un aspecto psicológico reportado, de forma saliente en la literatura luego de una lesión traumática cerebral, es respecto a la pérdida y la experiencia asociada al duelo. Se hipotetiza que personas con una experiencia subjetiva a largo plazo no resuelta de pérdida y duelo luego de una lesión cerebral traumática, puede reportar más síntomas clínicos de depresión y ansiedad (Coetzer, 2013).

En resumen, la investigación ha sugerido que un cambio de identidad luego de la lesión cerebral se asocia positivamente a la depresión y al duelo. Es decir, mientras mayor sea la percepción de cambio de identidad, mayor es la probabilidad de reportar altos niveles de depresión y duelo (Carrol & Coetzer, 2011). Además, altos niveles de conciencia están asociados con mayores niveles de angustia psicológica en términos de depresión y autoestima (Cooper-Evans, Alderman, Knight, & Oddy, 2008; Godfrey, Partridge, Knight, & Bishara, 1993; Lezak, 1987; McBrinn, Wilson, Caldwell, Carton, Delargy, McCann, … McGuire, 2008; Meredith & Rassa, 1999).

Comorbilidad con Trastornos Psiquiátricos

Se estima que las tasas de prevalencia de trastornos psiquiátricos comórbidos en la LCA pueden ser tan altas como un 44 por ciento (Hibbard, Uysal, Kepler, Bogdany, & Silver, 1998). Los factores que influyen adversamente a la salud mental de la persona con lesión cerebral ocurren en varios niveles como:

1. Efectos directos de las lesiones (disturbios cognitivos y motores, trastornos emocionales, aumento de impulsividad, depresión, rigidez, hiperactividad), los cuales pueden precipitar las dificultades de la salud mental.

2. Las implicaciones a largo plazo de los efectos de las lesiones pueden resultar en cambios significativos de la personalidad, lo cual puede afectar adversamente la salud mental.

3. Los cambios en las habilidades y competencias luego de la lesión pueden aumentar la probabilidad de depresión en personas con LCA. Además, las tasas de suicidio son mayores entre las personas con lesiones cerebrales que el resto de la población.

4. La lesión cerebral usualmente resulta ser catastrófica al ser un evento que le cambia la vida a la persona (cambio de roles, empelo, red de apoyo, vida familiar y calidad de vida) y a la familia. Estos cambios pueden predisponerlos a unas reacciones depresivas significativas y sentimientos de aislamiento social, desesperanza y desamparo.

5. Funcionamiento social pre-lesión, uso de alcohol, problemas psiquiátricos previos e historial familiar pueden todos influenciar la salud mental.

Los factores neurobiológicos y psicosociales conducen a una presentación única de los desafíos del estado de ánimo en cada sobreviviente (Elbaum & Benson, 2007). La ansiedad y la depresión usualmente se presentan luego de una LCA, como resultado de los factores biológicos, psicológicos y sociales, y múltiples pérdidas asociadas a la lesión (Waldron, Casserly, & O'Sullivan, 2013).

Los factores biológicos tienen un papel de aumento el inicio agudo de la depresión, mientras que los factores psicosociales tienen un papel más significativo en la depresión de inicio tardío (Elbaum & Benson, 2007). Los trastornos de ansiedad, la labilidad emocional, comportamiento agresivo, y abuso de sustancia se asocian frecuentemente con la depresión mayor luego de la lesión cerebral, y su co-presencia es un marcador para resultados cognitivos y psicosociales negativos (Jorge & Starkstein, 2005).

Las dificultades emocionales representan obstáculos significativos para mejorar luego de una lesión cerebral traumática (Koponen, Taiminen, Hiekkanen, & Tenovuo, 2011). El cambio del estado pre-existente a la incapacidad, y el aumento de la conciencia sobre los déficits son factores psicológicos importantes a considerar en la evolución de las dificultades emocionales (Coetzer, 2013).

Capítulo IV: La psicoterapia y las lesiones cerebrales adquiridas

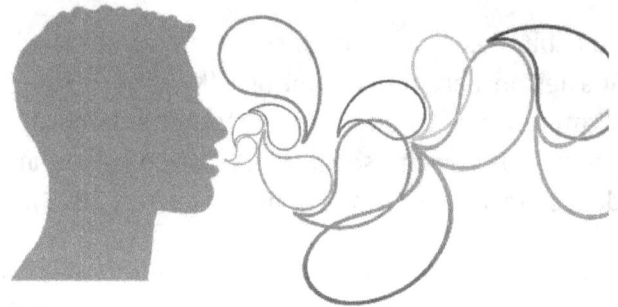

Los resultados de una lesión cerebral difieren para cada persona por la combinación única de los factores antes de la lesión (edad, ocupación género, recursos psicológicos, habilidades, entro otros), los factores relacionados a la lesión y circunstancias luego de la lesión (Ownsworth, 2014).   Por tal razón, el marco de referencia biopsicosocial ha sido evaluado por muchos autores al considerar los resultados y el impacto de una lesión cerebral (físico, cognoscitivo, social, emocional y conductual) en el bienestar psicológico y en los efectos sociales.

El modelo biopsicosocial que propuso Engel (1977) se base en la teoría de los sistemas, en la que una persona puede considerarse como un sistema conformado por subsistemas biológicos, psicológicos y sociales que interactúan entre sí. Los problemas biopsicosociales surgen muchas veces cuando las vidas de las personas se ven alterada por desafíos, restricciones o cambios ambientales (Sarason & Sarason, 2011).

El modelo actual de la salud y la enfermedad, parte de un modelo biopsicosocial/espiritual, según el cual en los estados de salud o de enfermedad están presentes, y se influencian mutuamente los factores físicos, biológicos, psicológicos, sociales y espirituales (Gutiérrez et al., 2016). La espiritualidad usualmente se refiere como un aspecto importante en el cuidado de salud y las necesidades espirituales de los sobrevivientes de LCA raramente son identificadas o atendidas en la rehabilitación (Collicut, 2011). Para muchos de los sobrevivientes la espiritualidad les ha ayudado a darle un sentido o significado a la lesión cerebral (Patterson & Staton, 2009). Por tal razón, la literatura sugiere que los profesionales de la salud tomen en consideración los múltiples elementos que afectan al sobreviviente luego de una LCA, desde una perspectiva holística.

Factores que afectan el modelo de salud y enfermedad del individuo

El modelo de salud y enfermedad establece que el bienestar del individuo dependerá de los siguientes factores (Gutiérrez et al., 2016):

Tabla #6

Físicos	Características de la enfermedad, síntomas físicos (dolor, insomnio, etc.), efectos secundarios de la medicación, capacidad cognitiva, funcionalidad y autonomía personal, entre otros
Psicológicos	Información, capacidad cognitiva y toma de decisiones, preferencias, valores y estrategias de afrontamiento evasivas versus activas, estado emocional y grado de aceptación de la enfermedad
Sociales	Apoyo social e instrumental percibido de familiares, amigos y equipo asistencial
Espirituales	Significado o sentido de la vida, satisfacción con la vida propia, cumplimiento de metas, integración con los seres queridos, sentido de dignidad, y transcendencia

La psicoterapia y las lesiones cerebrales

Originalmente, se pensaba que la psicoterapia era contradictoria para los/las sobrevivientes de las lesiones cerebrales, ya que se consideraba que eran incapaces de beneficiarse de las intervenciones por la falta de conciencia de sí mismo/a, sus déficits en atención, memoria y comprensión y sus desregulaciones emocionales (Klonoff, 2010). A medida que la psicoterapia evolucionó con el tiempo, se llegó a la conclusión de que las intervenciones psicoterapéuticas tienen un papel vital en el componente afectivo, especialmente en los casos de traumatismo craneoencefálico (Nelson & Adams, 1977). Además, varios autores han abogado por la necesidad de la psicoterapia para abordar los problemas emocionales en personas con lesiones cerebrales (Coetzer, 2014).

La psicoterapia luego de una lesión cerebral se describe como:

- Relación colaborativa de trabajo entre el psicoterapeuta y el/la paciente/cliente con lesión cerebral (Klonoff, 2010)
- Algunos autores se refieren a la psicoterapia aplicada a personas con daño cerebral como la neuropsicoterapia.
- Se distingue por ser un modelo integrador que incluye una alianza terapéutica entre el/la paciente y el/la psicoterapeuta, incorporando a la familia o apoyo primario del paciente (Klonoff, 2010).
- La máxima participación y compromiso del/a paciente son fundamentales en el proceso terapéutico, al igual que el apoyo familiar (Carvajal-Castrillón & Restrepo, 2013).
- El psicoterapeuta se convierte en facilitador al cambio y también psicoeduca a los familiares y a las personas significativas del/a paciente para facilitar su sentido renovado de identidad y esperanza.

Meta: Aumentar en el/la paciente/cliente la conciencia de sí mismo/a, la aceptación y la realidad sobre su situación para encontrar un nuevo sentido de la vida (Klonoff, 2010) y pueda reintegrarse en su ambiente familiar y social (Ruff & Chester, 2014).

Objetivos:
a) Reducir el sufrimiento psicol0gico/emocional, promover una actitud activa de compromiso con la vida tal y como es tras la lesion, y reestablecer un sentido de propósito o significado a la vida (García-Molina et al., 2014).
b) Promover la construcción de un locus interno de control y la redefinición del Yo, incorporando el conocimiento y aceptación de las limitaciones asociadas al daño cerebral (García-Molina et al., 2014).

Evaluación y plan de tratamiento

La evaluación y el plan de tratamiento son las piedras angulares de los esfuerzos psicoterapéuticos que incluye (Butler & Saltz, 1998):
Historial detallado y confiable de todas las fuentes posibles
Evaluar la historia actual y premórbida del paciente
Expedientes médicos
Evaluacion neuropsicológica

Aspectos considerados en la consulta inicial

Entre los objetivos de la **consulta inicial** se encuentra comenzar a determinar el nivel de conciencia, aceptación y realismo (en relación a las secuelas de la lesión) del/a sobreviviente, al igual que su estado psicosocial y psicológico antes y después de la lesión (Klonoff, 2010). Por ejemplo, tomar en consideración aspectos como:

Tabla #7

Falta de Autoconciencia	La falta de autoconciencia orgánica resulta en subestimación del/a paciente sobre sus déficits. Estar convencido/a que no necesita tratamiento y que puede volver a su existencia previa a la lesión.
Pérdida de identidad	Usual en los sobrevivientes. Se reconstruye por medio de la narrativa propia continua.
Aceptación	Aspecto importante para alcanzar un sentido de propósito de vida. Es la habilidad y deseo del/a sobreviviente para lidiar con su realidad e identidad luego de la lesión.
Asimilación/ Adaptación	Ambas conducen al ajuste. A medida que el/la paciente enfrenta la adversidad, el proceso de asimilación integra el viejo "self" en el nuevo "self" incluyendo su identidad, ser interior y filosofía de vida (Klonoff, 2010). La adaptación ocurre cuando el/la paciente se reintegra a su vida familiar, sociedad, y cultura, incluyendo las actividades del diario vivir, trabajo productivo o escuela o pasatiempos.
Ajuste	Aprender a percibir el daño cerebral como parte de la vida.

Los déficits y la psicoterapia

Las personas con lesiones cerebrales adquiridas pueden tener varios déficits a consecuencia de la lesión, que requieren que el profesional modifique su manera de interactuar con ellas en las sesiones (García-Molina et al., 2014). La psicoterapia requiere que puedan mantener la atención y concentración, lo cual puede ser un reto para algunos sobrevivientes e interferir en la dinámica de las sesiones. Se requiere que el/la sobreviviente tenga un cierto nivel preservado de su funcionamiento cerebral para que pueda involucrarse en el proceso de terapia (Ruff & Chester, 2014).

Manifestaciones de cambios resultantes del nivel de trastorno cognitivo

El nivel de trastorno cognitivo del/a paciente/cliente se pueden observar cambios en la memoria, la atención, la concentración, las funciones ejecutivas, la capacidad visoperceptual y motora, y la conducta (Navarro, Ramírez & Ferri (2013). Estos son manifestados de la siguiente manera:

Tabla #8						
Nivel Trastorno Cognitivo	Orientación	Memoria	Atención/ Concentración	Funciones Ejecutivas	Lenguaje, capacidad visoperceptual y motora	Conducta
Leve	Orientado en el tiempo, en el espacio y en persona.	Pueden presentar problemas de memoria, pero el impacto es menor en sus vidas por el trabajo de compensación, utilización de estrategias externas (agendas, móvil, etc.).	Pueden surgir ligeras dificultades en procesos atencionales básicos (atención sostenida) Mayores dificultades se manifiestan en actividades que implican procesos atencionales complejos (atención selectiva, alternante y dividida).	Limitaciones en capacidades necesarias para formular metas Dificultad en planificar etapas y desarrollar estrategias para iniciar, proseguir o detener secuencias complejas de conducta de forma ordenada e integrada. Puede haber lentitud en el procesamiento, y en la búsqueda de información.		

(Continua)

Moderado	Suelen estar orientados A nivel temporal, pueden tener fallas en el día, mes y ocasionalmente en el día de la semana. En relación a lo espacial, suelen ubicarse de manera adecuada, así como conocer a las personas cercanas y/o conocidas.	En general, capacidad de recordar o acceder a lo que han aprendido antes del daño cerebral, aunque pueden confundir hechos sobre todo cercanos en el tiempo del daño. Capacidad para retener nueva información, aunque por debajo de lo esperado. Mayor Dificultad: Capacidad para aprender o recordar situaciones o hechos recientes (memoria anterógrada).	Nivel de conciencia adecuado Mantienen un buen nivel de alerta siendo capaces de percibir y atender a todo lo que acontece a su alrededor. Capacidad de mantener concentración y atención ante las tareas con un rendimiento bajo. Se distraen con facilidad, sin capacidad para inhibir distractores. Incapacidad de alternar dos tareas o de realizarlas a la vez. Lesiones en el hemisferio derecho: pueden mostrar deficiencias en prestar atención a todo lo que se ubique en su parte izquierda (Heminegligencia).	Dificultad en: Toma de decisiones y la resolución de problemas. Considerar alternativas, establecer pasos adecuados a seguir en cada situación. Mostrar un razonamiento flexible, no insistente y persistente en una misma idea. La capacidad de adaptación a los cambios con agilidad mental y en la velocidad de razonamiento.	Percepción visual: Distingue, reconoce y maneja los estímulos visuales de manera correcta, ya que suelen encontrarse preservadas, aunque depende de la localización de la lesión. Capacidad visoconstructiva suele verse disminuida.	Cambios en personalidad y falta de conciencia de la enfermedad (minimiza las deficiencias cognitivas y conductuales).
						(Continua)

| Severo | Desorientados en tiempo, espacio y persona | Muy afectada la memoria anterógrada y retrógrada | Nivel de conciencia fluctuante, capaces de prestar atención en un tiempo limitado y solo a un estímulo determinado. | Incapacidad de iniciar, planificar tareas hacia un objetivo Dificultad en pensamiento flexible y coherente ante las demandas del medio | Algunos pacientes tienen alteraciones en su capacidad visoperceptiva, actividades motoras adquiridas (cepillarse, afeitarse) y en su lenguaje. | La mayoría presenta alteraciones significativas de la personalidad (apatía, labilidad, desinhibición, agresividad) |

La práctica clínica demuestra que los déficits cognitivos no constituyen barreras infranqueables que imposibilitan la psicoterapia, sino que actúan como agentes mediadores que condicionan la metodología del trabajo empleado por el profesional (García-Molina et al., 2014).

Efectividad de la psicoterapia

La efectividad de la psicoterapia con pacientes con lesiones cerebrales adquiridas depende de un diagnóstico preciso que incluya los siguientes criterios (Ruff & Chester, 2014):

- Estado de ánimo antes y después de la lesión cerebral adquirida
- Las características de la personalidad antes y después de la lesión
- Los efectos de enfermedades médicas comórbidas
- Evaluación de cómo los cambios anteriormente mencionados afectan el funcionamiento social y profesional del/a cliente/paciente

También la efectividad de la psicoterapia depende de las destrezas y las habilidades del/a terapeuta que trabaja con personas con lesiones cerebrales, las cuales son especializadas dado la naturaleza y el desafío del trabajo con esta población.

Características del/a terapeuta (Klonoff, 2010)

- Empatía sustancial
- Amabilidad
- Apoyo hacia el/la paciente por la magnitud y la perseverancia de los déficits y la laboriosidad del proceso de recuperación.
- Al mismo tiempo, el/la terapeuta debe mantener un balance entre su trabajo y su vida personal para evitar el síndrome de quemazón (conocido en inglés como "burnout") por medio del autocuidado (ejercicio físico, higiene del sueño, nutrición apropiada, vida familiar, tener una vida familiar y amistades, realizar actividades de placer, entre otros).

¿Quiénes pueden beneficiarse de la psicoterapia?

Los psicoterapeutas deben estar en alerta para asegurarse que los pacientes/clientes con lesiones cerebrales adquiridas que puedan ser tratados no sean erróneamente identificados por sus limitaciones como inadecuados para la psicoterapia.

La psicoterapia tiene mayor probabilidad de ser eficaz en pacientes con un daño cerebral adquirido que cause limitaciones leves o moderadas, que en pacientes con daños cerebrales más severos (Ruff & Chester, 2014). Esto sugiere que las personas con LCA que podrían no beneficiarse de una psicoterapia tradicional (hablada) son las que tienen disturbios profundos en su comunicación, memoria y/o pensamiento lógico, que no les permiten entender, recordar y aceptar la necesidad de ajustes en su diario vivir.

Cuando un clínico se encuentre en duda si ofrece o no tratamiento a un/a sobreviviente de lesión cerebral adquirida, debe contemplar si existe una posibilidad razonable de que este/esta puede beneficiarse con el tiempo. Además, los proveedores de salud mental no deben hacer daño al crear expectativas falsas, que pueden a la larga exacerbar el dolor emocional de los/as pacientes y sus familiares (Ruff & Chester, 2014).

A continuación, Ruff & Chester (2014) sugirieron ejemplos de situaciones en las que la psicoterapia hablada no sería efectiva y beneficiosa para algunas personas con lesiones cerebrales adquiridas. Estas situaciones son: (tabla #9)

Tabla # 9

Condición	Significado	Ajustes (si alguno/s)
1) Afasia Global	Comprensión y la producción del lenguaje están altamente limitados.	Si el/la paciente solo tiene una afasia expresiva (Afasia de Broca/inhabilidad de hablar) se pueden buscar alternativas de comunicación como: mover la cabeza al entender al profesional, señales con las manos, apuntar una respuesta ante múltiples opciones o escribir.
2) Amnesia Global	Episodio pasajero de pérdida de memoria que puede afectar la codificación, al igual que la recuperación de información nueva. Esto resulta en una terapia inefectiva.	Remediación cognitiva por medio de uso de ayudas externas como: libretas, teléfonos programables que envíen recordatorios, agendas, etc.
3) Déficits en el pensamiento lógico	Suelen manifestarse en rasgos de perseverancia, regulación emocional defectuosa, y falta de empatía hacia otros, especialmente en daños en regiones orbitofrontales.	La persona lesionada puede reconocer lo que le sucede, pero su incapacidad de ser empático hacia otros por su lesión cerebral, hace que la psicoterapia no sea exitosa o resulte sin mejoría notable.
4) Anosognosia	Falta severa de reconocimiento o conciencia, que sucede cuando un daño al sistema nervioso central afecta las redes neuronales, que permiten la detección de los déficits Esta puede impactar en varios grados, siendo los más severos la falta de reconocimiento de parálisis unilateral, heminegligencia virtual o una falta de conciencia de los déficits neuropsicológicos.	Solo los individuos que ganen algo de conciencia pueden ser ayudados en la psicoterapia para que gradualmente acepten sus limitaciones.
5) Disciplina y motivación	Necesarios para trabajar colaborativamente para el cambio.	Esenciales para que la psicoterapia sea efectiva.

Terapias psicológicas efectivas
con sobrevivientes de lesiones cerebrales adquiridas

De acuerdo a la literatura, independientemente de la orientación teórica, existen varias consideraciones que son relevantes para los profesionales de la salud, que trabajan con lesiones cerebrales adquiridas. Estas son las siguientes:

1. Evaluar el funcionamiento premórbido del/a cliente/paciente y su estado actual de ajuste a la lesión cerebral (Patterson & Staton, 2009).

2. Analizar a fondo asuntos de seguridad, incluyendo el potencial suicida, abuso de sustancia y fracaso de proveerse un cuidado adecuado (Patterson & Staton, 2009).

3. Psicoeducación: provee información al/la paciente y familiares sobre las secuelas neuropsicológicas luego de la lesión cerebral, que puede resultar en un alivio emocional al entender mejor y ayudarlos a manejar sus propias cargas emocionales (Klonoff, 2010).

4. Tomar pasos pragmáticos como practicar el entrenamiento de destrezas para remediar y aminorar los déficits cognitivos como la memoria y la atención (Mateer & Sira, 2008 en Klonoff, 2010).

5. Considerar la importancia de abordar asuntos de carrera y planificación de la vida (Patterson & Staton, 2009).

6. Algunos se pueden beneficiar de tener sesiones más cortas de tiempo, varias veces a la semana (Patterson & Staton, 2009).

7. El uso de las artes expresivas (música, dibujo, juego) pueden beneficiar a clientes/pacientes con dificultad de expresión y/o control de las emociones (Patterson & Staton, 2009).

8. La relación terapéutica es uno de los factores más robustos asociados a un mejor resultado (Ardito & Rabellino, 2011).

9. Trabajar de forma cercana con otros profesionales y cuidadores del/a cliente/paciente para evaluar la calidad de la relación entre este/esta y el cuidador/a, su comprensión, profundidad y precisión sobre la lesión cerebral y la necesidad de asistencia para un respiro (Patterson & Staton, 2009).

Modalidades de Psicoterapia

Terapia Individual

Klonoff (2010):

- **Constructos psicodinámicos** (transferencia, sentimientos de inferioridad, desarrollo del ego y la individuación/separación.

- **Psicología del "self"**: teoría central concepto "objetos del self" (objetos separados, pero a nivel psíquico se experimentan como parte del "self".

- **Cohesión del "self" o fortalecimiento del ego**, que permite la tolerancia al estrés, estabilidad emocional, bienestar psicológico y autoestima saludable.

Yalom (1980):

- Psicoterapia Existencialista: enfoque centrado en el ser humano reconocer la responsabilidad de su existencia, incluyendo la responsabilidad para crear un sentido del "self".

Terapia Conductual (TC) basada en la Teoría de Aprendizaje (Klonoff, 2010):

- Se identifican los factores antecedentes y las consecuencias que refuerzan las conductas autoderrotistas.

- Adecuada para algunos por ser orientada al problema y su énfasis en destrezas cognitivas como la resolución de problemas y la modificación de conducta indeseada (agresión, conducta desinhibida, y autolesiones).

- Enseñar conductas adaptativas por medio de la programación positiva y la generalización a otros escenarios de lo aprendido.

Terapia Cognitiva Conductual (TCC)

- Directa, estructurada y concreta.
- Basada en la hipótesis que las conductas y emociones están influenciadas por esquemas cognitivos preexistentes.
- **Técnicas**: a) Reestructuración los pensamientos por unos mas adaptativos para evitar el pensamiento absolutista, dicótomo y catastrófico.

b) Sustitución de las autodeclaraciones negativas por autodeclaraciones que promuevan su autoeficacia (Klonoff, 2010)

c) Cuestionamiento socrático: sobreviviente piense sobre las preguntas y desarrolle sus propias respuestas para legitimar su declaración.

- No apropiada para pacientes con LCA con déficits cognitivos que exceden el rango moderado de severidad, con déficits severos de memoria o falta de conciencia (Ruff & Chester, 2014).
- Atencion Plena ("mindfulness"): puede servir como tratamiento inicial para los individuos con deterioro de rango leve a medio, que estén sobre abrumados o en estado de desesperación (Ruff & Chester, 2014).

Terapia Cognitiva Basada en "Mindfulness"
- Ha demostrado ayudar a mejorar los síntomas de depresión luego de una LCS (Ozen, Gibbons, & Bédard, 2015).
- Puede ayudar a los sobrevivientes a recuperar sus vidas a medida que acepten sus limitaciones como resultado de la lesión (Kangas & McDonald, 2011).

Terapia de Aceptación y Compromiso (ACT: Hayes, Strosahl, & Wilson, 2004)
- Facilita, identifica y comprende los valores u objetivos en vez de cambiar los pensamientos per se.
- Técnicas: a) metáforas personales pueden facilitar la reconstrucción de la identidad luego de la lesión cerebral (Coetzer, 2014); b) defusión cognitiva guía al paciente/cliente a reconocer sus pensamientos sin desafiarlos, sino que los ve como hipótesis y no como hechos objetivos respecto al mundo (Labrador, 2012).

Terapia Breve
- útil para trabajar con lesiones cerebrales traumáticas
- Enfatiza el significado de establecer metas primero escuchando, entendiendo y validando la historia del/a cliente (Patterson & Staton, 2009).
- Promueve en el/la cliente el sentido del control y de habilidad para cambiar la situación.
- Consistente con los principios de la teoría existencial.
- Técnica: reetiquetar el lenguaje negativo del/a cliente por uno positivo

Terapia de Apoyo ("Supportive Therapy")
- Adecuada cuando los clientes/pacientes presentan problemas emocionales específicos como enfermedad física que le afecta notablemente, ausencia de enfermedad física, pero con sintomatología somática, reacciones emocionales acentuadas ante pérdida importante y crisis en ciertas etapas de vida.

- Dirigida a reestablecer y fortalecer las capacidades para afrontar y adaptarse a situaciones difíciles.
- Desarrollar la capacidad de autobservación y entender las reacciones emocionales ante la vida para participar en su recuperación y obtener conocimientos prácticos que le permitan solucionar problemas actuales.
- Consiste en escuchar, aceptar y el permitir la ventilación de las emociones, revisar las implicaciones de la pérdida en el futuro y asegurarle al individuo que puede elegir cuando experimentar el recuerdo del dolor (Mak, Chan, Ka, & Chan, 1987).
- **Duelo:** al complicarse por culpa y coraje, se deben retar los pensamientos en vez de negarlos, asegurar que el duelo es normal, y mantener objetos (fotografías) para facilitar la expresión del mismo.
- Lado positivo del duelo: al poder descubrir nuevas identidades y aprender nuevas destrezas (Mak et al., 1987).

Enfoque Humanista
- Promueven el estar consciente, de escuchar a la persona con más compasión.
- Principio: persona tiene un autoconocimiento interno y en gran medida la habilidad de escucha del terapeuta la ayuda a emerger (Coetzer, 2014).

Enfoque Narrativo
- La narrativa personal continua (Douglas, 2013) y el desarrollar nuevas narrativas personales (Prigatano, 1999) ayuda al/la sobreviviente adaptarse a sus dificultades luego de la LCA para intentar definir un significado en su vida.
- En la narrativa, el/la terapeuta podría centrarse en lo experiencial, en las experiencias psicológicas del/a paciente/cliente en respuesta a los estresores que puede estar experimentando (Coetzer, 2014).

Terapia Grupal
- Provee apoyo psicoterapéutico y educación a los pacientes/clientes con LCA.
- Incorpora la aportación de los compañeros y la mentoría para mejorar la introspección del/a paciente/cliente y su ajuste psicológico.
- El grupo facilita la adquisición de la esperanza, universalidad, altruismo, socialización, aprendizaje de destrezas sociales y técnicas de acoplamiento.
- Además, facilita el desarrollo de la autoestima, conciencia, aceptación y adaptación (Klonoff, 2010).

Terapia Familiar

- Familia: parte esencial del proceso de recuperación
- Necesidad de generar intervenciones que se dirijan a la disminución de síntomas ansiosos y somáticos, al igual del manejo por el impacto que estos pueden tener en el proceso de rehabilitación del/a paciente/cliente (Deccarat et al., 2015).

Psicoterapia de los miembros de la familia sin el/la sobreviviente
- Propósito: ayudarlos a lidiar emocionalmente con las consecuencias de la lesión de su ser querido (Klonoff, 2010).

Psicoterapia de los miembros de la familia con el/la sobreviviente
- Son más efectivas cuando la alianza terapéutica se ha establecido con ambas partes (Klonoff, 2010).
- Oportunidad para el/la terapeuta observar directamente la interacción entre ambas partes, y que cada cual pueda apreciar las emociones y percepciones de los otros (Klonoff, 2010).
- Beneficio: puede aumentar la conciencia del/a sobreviviente del impacto de sus déficits cognitivos, emocionales y psicosociales en el resto de los miembros (Klonoff, 2010).

Terapia de Pareja

- Recomendada cuando un/a esposo/a tienen una LC y cuando ambos tienen el compromiso de mantenerse juntos en el matrimonio (Klonoff, 2010).
- Temas en terapia relacionados a cambios en la personalidad del/a sobreviviente y en sus roles, y problemas de intimidad sexual, entre otros.
- Psicoterapia incluye (Klonoff, 2010):
- Componente psicoeducativo
- Enfoque solucion de problemas
- Cada uno responsable por su propio cambio
- Ajuste a sus nuevos roles
- Sobreviviente mejore su empatía hacia su pareja

Reconstrucción del "self" y su importancia

La literatura establece que es crucial que los profesionales clínicos obtengan una mejor comprensión de la manera que las personas hacen sentido de sí mismas luego de una lesión cerebral adquirida y abordar la reconstrucción de su "self" dañado (Glinborg & Krogh, 2015).

Varios investigadores han argumentado que un objetivo tanto de las intervenciones cognitivas como las emocionales es el permitir al individuo con una LCA reafirmar su sentido de "self" (Glinborg & Krogh, 2015). Esto significa que el ajustarse a su nueva realidad implica el desarrollar autoconciencia de su propio funcionamiento y estilo de vida para dar sentido a los cambios de sí mismo/a ("self") y aprender a manejar estos cambios (Ownsworth, 2014).

El sostener una lesión cerebral no siempre conduce a un deterioro de la calidad de vida. Los individuos pueden protegerse del impacto negativo de las lesiones cerebrales más severa cuando reciben el apoyo de las redes sociales y fortalecen su identidad personal. Estos llegan a entender y construir su sentido de "self" por medio de sus identidades sociales para de esta forma llegar a saber quiénes son como individuos (Postmes & Jetten, 2006).

Estudios Cualitativos

Tabla #10

Autor/es	Población	Hallazgos
1) Levack et al. (2014)	Metaanálisis cualitativo de investigaciones publicadas entre 1966 a junio 2009. 49 personas con lesiones cerebrales traumáticas (leve a severa)	Los hallazgos del estudio fueron consistentes con las investigaciones previas como: a) **La pérdida y la reconstrucción del "self"**, variable esencial luego de una lesión cerebral traumática. b) **Importancia del desarrollo de autoconocimiento** luego de la lesión, necesario para la restauración de la identidad propia. c) **Hacerle frente al cambio de identidad propia** fue un tema que muchos participantes siguieron luchando por muchos años. d) Para algunos/as participantes su lugar en el mundo estaba íntimamente ligado a sus **creencias espirituales**. Otros experimentaron crisis espirituales. **La dificultad de la identidad propia fue asociada a:** sufrimiento emocional, depresión y baja calidad de vida. d) **Para que la persona recupere un sentido coherente y satisfactorio de identidad propia luego de la lesión necesita:** Recuperar un fuerte sentido interno de quién es y sentirse una persona completa. Ser tratada como una persona de valor por otros miembros de la propia comunidad y por la sociedad en general. Sentirse que tiene un lugar en el mundo donde "encaja" y que valora. (Continua)

2) Graham et al. (2005)	32 individuos que sufrieron lesión cerebral y estaban de regreso a su ambiente de hogar.	a) **Aislamiento**: por la dificultad de conversación grupal como resultado de la incapacidad de atender más de una voz a la vez y no poder mantener una conversación. b) **Dificultad con autoimagen**: apariencia física (cicatrices luego de la lesión, aumento o pérdida de peso) por la percepción de otros. c) **Pérdida relacionada a los aspectos de vida que tenían antes de la lesión cerebral** (Cont.) Ejemplo empleo, amistades y habilidades) "Me parece que lo he perdido todo, soy una persona completamente diferente". d) **Percepciones negativas de otros** por la falta de comprensión acerca de por qué los/las sobrevivientes estaban a menudo exhaustos/as o deprimidos/as.
3) Nochi (2000)	No especificada	Sus investigaciones proveen evidencia de la manera que los individuos con LCA pueden derivar un significado positivo por medio de la reconstrucción de su sentido del "self". . Un **"self" positivo** se ha asociado a niveles más bajos de depresión y niveles más altos de satisfacción con la vida luego de una lesión cerebral (Vickery et al., 2005 en Jones et al., 2011).

Capítulo V: Técnicas y Estrategias adecuadas para establecer la línea base del proceso de reconstrucción del "self".

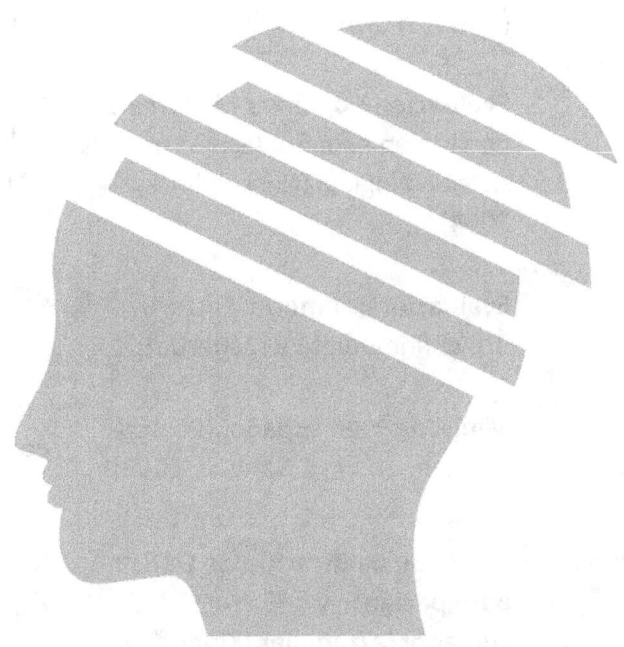

Para que el/la terapeuta pueda establecer con su cliente/paciente la línea base del proceso de reconstrucción del "self" se presentaran estrategias y técnicas en tres fases:

Fase 1: Instrumentos de evaluación inicial y psicoeducación

Los instrumentos de evaluación inicial y la guía de preguntas tienen el propósito de determinar el estado actual del/a cliente/paciente luego de la lesión cerebral para fines terapéuticos. Por su parte, la psicoeducación visual y escrita de acuerdo al área lesionada y sus efectos puede ayudar a reducir la angustia emocional del/a paciente/cliente y familiares.

Tabla #11

Entre los instrumentos de evaluación inicial se encuentran:

Área a evaluar	Instrumento	Acceso
1) **Cognición**	**Mini Examen del Estado Mental** (MMSE: Folstein, 1975)	htpp://www.villaneuropsicologia.com
	Evaluación Cognitiva Montreal, versión en español (MoCA por sus siglas en inglés) (Nasreddine, 2004).	htpp://www.mocatest.org/pdf_files/test/MoCA-Test-Spanish.pdf
	Evaluación Memoria: Historia Breve (inmediata y recuerdo)	Actividad adjunta
	Mini-Cog™ en español (Borson, Scanlan, Chen, & Ganguli, 2003).	http://www.mini-cog.com/wp-content/uploads/2015/12/Mini-Cog-Spanish.pdf
2) **Calificación de Déficit**	**Escala de Calificación de Déficit para paciente y cuidador/a/familiar** (Klonoff, 2010)	Klonoff, P. (2010). *Psychotherapy after brain injury: principles and techniques.* New York: The Guilford Press
3) **Depresión**	**Cuestionario sobre la Salud del Paciente** (PHQ-9, Spitzer, Williams, Kroenke et al., 2000)	http://www.ons.org
	Inventario de Depresión de Beck (BDI: II, Beck & Steer, 1993)	http://pearsonclinical.es
	Escala de Depresión Geriátrica (GDS: Yavasage, Brink, Rose, Lum, Huang, Adey, & Leirer, 1983)	http://www.stanford.edu/~yesavage/GDS.html
4) **Ansiedad**	**Escala de Depresión y Ansiedad Hospitalaria** (HADS: Zigmund & Snaith, 1983)	http://www.guiasalud.es
	Escala de Ansiedad de Hamilton (HAS; 1959)	https://www.hipocampo.org/hamilton.asp
	Inventario de Ansiedad de Beck (Beck & Steer, 1988)	http://pearsonclinical.es (Continua)
5)	**Inventario de Síntomas 90-R** (SCL-	http://www.fundacionforo.co

Sintomatología general (psicológica y patológica)	90 R; Derogatis, 1983).	m/pdfs/inventariodesintomas.pdf
6) **Duelo**	**Brain Injury Grief Inventory** (Coetzer, Vaughan, & Ruddle, 2003)	http://www.routledge.com (contacto del Dr. Rudi Coetzer)
7) **Conciencia**	**Self-Awareness of Deficits Interview (**SADI; Felming, Strong, & Ashton, 1996)	http://www.me.umn.edu/~wkdurfee/projects/driving/self-aware/FINAL%20SADI%
8) **Autoestima**	**Inventario de Autoestima de Coopersmith** (1967) para adultos **Escala de Autoestima de Rosenberg** (RSE: Rosenberg, 1965: Atienza, Balaguer Moreno, 2000)	http://www.mindgarden.com htpp://www.uv/es/upd/cuestionarios/accesible/EAR.pdf
9) **Autoconcepto**	**Escala de Autoconcepto AF-5** (García & Musitu, 1999)	http://www.webteaedicones.com
10) **Sentido subjetivo del "self"**	Oraciones incompletas Mapping del "self"	Actividad adjunta Actividad adjunta

Psicoeducación: temas sugeridos

1) Información escrita y visual (fotografía del cerebro) sobre las áreas cerebrales afectadas y sus funciones.

2) Información sobre las lesiones cerebrales adquiridas y sus efectos a nivel biopsicosocial/espiritual.

3) Variables que componen al "self": autoconcepto, autoestima, identidad personal, autoconciencia y autoeficacia.

4) La ansiedad y la angustia (sintomatología depresiva), y su efecto a nivel fisiológico (físico) psicológico/emocional y conductual

5) La importancia de la familia/ cuidador en el proceso de recuperación del paciente/cliente.

6) El duelo por la pérdida del sentido del "self" y su proceso.

Historia Breve / Memoria

Instrucciones: Leer la historia al/a la cliente/paciente y luego preguntarle qué recuerda de la misma (memoria inmediata/corto plazo). Luego de 20 a 30 minutos volver a preguntarle qué recuerda (memoria recuerdo/largo plazo).

Juan y Julieta son amigos y estudiantes en la Universidad de Puerto Rico, recinto de Río Piedras. Ambos tienen 20 años y se conocen desde su niñez. Los fines de semana viajan a su hogar en Mayagüez. Juan vive en la Calle Méndez Vigo #30 y Julieta a dos cuadras de su casa.

Un sábado en la tarde, iban caminando por el pueblo de Mayagüez y se encontraron en la plaza a un perro pequeño perdido de color blanco con manchas marrones. Este tenía una identificación en su cuello con su nombre "Rabito" y el teléfono de su dueña. Juan y Julieta lograron contactarla y devolverle a "Rabito". Todos regresaron felices a sus casas.

ORACIONES INCOMPLETAS PARA ADULTOS CON LESIONES CEREBRALES ADQUIRIDAS (LCA)
Rivera-Marín, H.M. (2017)

Instrucciones: favor de completar las siguientes oraciones. No hay respuestas correctas o incorrectas.

LUEGO DE LA LESIÓN CEREBRAL ... (Presente)

1. me siento_____

2. mi vida _____

3. yo soy _____

4. mi familia_____

5. soy capaz _____

6. reconozco _____

7. mis amistades _____

8. quisiera _____

9. mi pareja _____

10. la vida _____

11. puedo controlar _____

12. mi mayor anhelo es _____

13. mi memoria _____

14. mi concentración_____

15. mi habilidad para resolver problemas _____

16. mis emociones _____

17. mis habilidades físicas _____

18. mi espiritualidad _____

19. me veo a mí mismo/a _____

20. algo que añoro/extraño_____

ANTES DE LA LESIÓN CEREBRAL .... (Pasado)

21. me sentía_____

22. mi vida _____

23. yo era _____

24. mi familia _____

25. era capaz _____

26.reconocía_____

27. mis amistades _____

28. quería _____

29. mi pareja_____

30. la vida _____

31. podía controlar _____

32. mi mayor anhelo era_____

32. mi memoria _____

34. mi concentración_____

35. mi habilidad para resolver problemas _____

36. mis emociones _____

37. mis habilidades físicas _____

38. mi espiritualidad _____

39. me veía a mí mismo/a _____

40. algo que añoraba/extrañaba_____

EN UN FUTURO...

41. quisiera _____

42. espero _____

43. me veré a mi mismo/a _____

44. seré capaz _____

45. mi vida _____

Otros pensamientos o emociones que le vienen a la mente:

_____

_____

_____

_____

_____

_____

_____

_____

"Mapping" del "Self"
Rivera- Marín, H.M. (2017)

Instrucciones: Identifique y complete las diferentes áreas descritas a continuación:

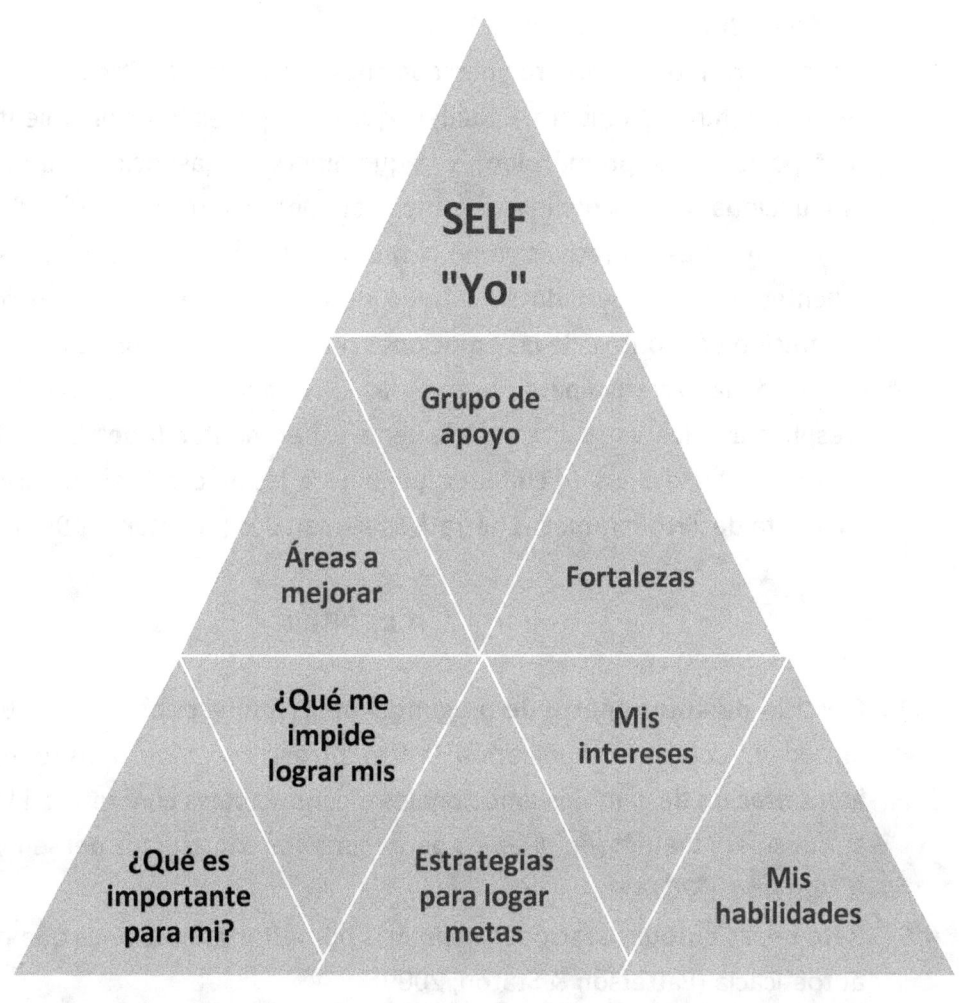

Fase II: Técnicas Cognitivas y de Autoconocimiento/Autoconciencia

Estas técnicas pueden entrelazarse para trabajar los siguientes aspectos:

Autoconocimiento y autoconciencia

1. Ejercicios de atención plena ("mindfulness") como notar su respiración para reducir la ansiedad, experimentar las emociones, promover el autoconocimiento y que los pensamientos no siempre corresponden con la realidad (Ruff & Chester, 2014).

2. Tarea para integrar las tres percepciones separadas del "self": quien realmente es ahora (funcionamiento actual); lo que cree que es (funcionamiento cognitivo y comportamiento premórbido); y lo que quiere ser (asunciones futuras acerca de su funcionamiento cognitivo y comportamiento (Gordon & Hibbard, 1992).

3. El uso de artes expresivas como la música, el dibujo y el juego para beneficiar a clientes que han perdido su sentido de autoeficacia o tienen dificultad con la expresión y/o control de las emociones (Patterson & Staton, 2009).

4. El uso de la narrativa para observar las experiencias psicológicas del paciente en respuesta a los estresores que puede experimentar (Coetzer, 2014). Además, para adaptarse a sus dificultades luego de la lesión cerebral adquirida por lo que necesita desarrollar nuevas narrativas personales (Prigatano, 1999).

Cognitiva

1. Ejercicio de autorreporte de preguntas utilizando escalas del 1 al 10 (depresión, ansiedad, coraje, comunicación, entre otros) con el propósito de facilitar la identificación de cambios emocionales o conductuales concretos. El autorreporte se considera un método práctico para medir los constructos del self y la identidad (Ownsworth, 2014).

2. Reto de las autodeclaraciones negativas por autodeclaraciones que promuevan la autoeficacia (Patterson & Staton, 2009).

3. Realización de metáforas personales puede facilitar la reconstrucción de la identidad después de una lesión cerebral (Coetzer, 2014). Estas deben ser significativas para cada individuo y basadas en su antecedentes, preferencias y circunstancias únicas (Klonoff, 2010).

4. Psicoeducación: proceso de duelo por pérdida del sentido de "self" (Kübler-Ross, 1969).

Ejercicio de atención plena ("Mindfulness")

Instrucciones: Explique el propósito del ejercico y la importancia de estar conciente de su respiración para reducir la ansiedad, experimentar las emociones y los pensamientos sin evitarlos y juzgarlos.

Indique al paciente/cliente que ponga atención plena a su respiración. Enséñele a inhalar aire y exhalar a un ritmo constante, que no llegue a marearse por un periodo aproximado de 2 minutos.

Luego pregunte qué lugar o escenario disfruta más (playa, parque, campo, entre otros). Pida que cierre los ojos y se transporte a ese lugar o escenario y que continúe inhalando y exhalando. Una vez allí, comience a señalarle (en un tono suave) a través de los sentidos la experiencia de sentir la arena en sus pies, escuchar el sonido del mar, sentir el calor del sol y la brisa en su rostro, el olor del mar, etc.

Déjelo/a por unos minutos imaginar y sentir esas sensaciones. Puede continuar haciendo referencia a las olas del mar, que según vienen traen tranquilidad, bienestar y paz, y según se alejan reducen nuestra angustia, preocupación, ansiedad, etc. Mantenga silencio para que pueda continuar respirando e imaginando y visualizando la actividad. Poco a poco le indica que abra sus ojos cuando usted vaya contando de forma regresiva del 5 al 1.

Ejercicio de las tres percepciones separadas del "Self"

Instrucciones: complete con el/la cliente/paciente el ejercicio. Permita que identifique su funcionamiento de acuerdo a sus percepciones.

Funcionamiento Actual:
¿Quién soy ahora?

Funcionamiento cognitivo y comportamiento premórbido
¿Quién fui?

Presunciones futuras acerca del funcionamiento cognitivo y comportamiento
¿Quién quiero ser?

Ejemplos de ejercicios con el uso de las artes expresivas

1. Música:
   a) El/la participante compone una canción o identifica una en la que se sienta identificado/a.
   b) Realizar un "playlist con sus canciones preferidas y discutir las emociones.

2. Dibujo/ láminas
   a) Utilizar los colores para identificar las emociones.
   b) Seleccionar de revistas o magacines palabras y láminas que este/a se sienta identificado/a y lo/la definan como persona ("Yo soy"). Los coloque en una cartulina y luego explique el significado de las mismas.

3. Escritura
   a) En una libreta anote todos sus pensamientos y emociones como forma de procesarlas y luego discutirlas.

4. Juegos
   a) Cartas de emociones para que identifique cuándo se ha sentido de esa manera, sus pensamientos y conductas.
   b) Utilizar juegos con dados, y de acuerdo al número que aparezca, mencione sus emociones, sus fortalezas, sus pensamientos, áreas a mejoras, entre otros.

Ejercicio de Narrativa

Instrucciones: Anote la/s narrativa/s del cliente/paciente y las reacciones psicológicas en respuesta a la mismas. Luego pídale cuál podría ser una narrativa alterna a esta y anote la reacción/es psicológicas.

Discuta el ejercicio y su propósito.

Narrativa	Reacción/es psicológicas	Nueva narrativa	Reacción/es psicológicas
Ej. No conozco quién soy, no me siento el/la mismo/a	Estrés, angustia, ansiedad	Tengo la oportunidad de conocer quién soy ahora y lo que quiero	Reducción de la angustia, ansiedad y estrés

Ejercicio de Autorreporte
(Tristeza, ansiedad, coraje, autoestima, comunicación, compromiso, etc.)

Este ejercicio se puede aplicar para cualquiera de las áreas que desee que su cliente/paciente se autoevalúe.

Instrucciones: utilizando la escala de valoración del 1 al 10 (1 siendo el mínimo y el 10 el máximo) identifique cómo ha sido el nivel de tristeza en la pasada semana incluyendo el día de hoy. Explique qué ocurrió antes, cómo actuó y qué puede hacer diferente.

Semana: Del _____ de _____ al ____ de _____ de _____

Día de la semana	Nivel	¿Qué ocurrió?	¿Cómo actué?	¿Qúe puedo hacer diferente?
Lunes				
Martes				
Miércoles				
Jueves				
Viernes				
Sábado				
Domingo				

Ejercicio de autodeclaraciones negativas por autodeclaraciones positivas

Instrucciones: Anotar las autodeclaraciones negativas y sustituirlas por unas positivas.

Autodeclaración negativa	Autodeclaración positiva
Ejemplo: No puedo hacer nada	Puedo hacer algunas cosas como ....

Utilización de metáforas personales

Instrucciones: identifique con el/ la paciente/cliente cual podrían ser su/s metáfora/s basada/s en su antecedentes, preferencias y circunstancias únicas. Deben ser significativas para él/ella. Luego de identificarla/s utilícelas durante el proceso como una manera de promover la reconstrucción de la identidad.

Metáfora/s:

Fases del duelo por enfermedad/discapacidad (Kubler-Ross, 1999)

Etapas emocionales de recuperación:

1) **Negación:** muchos pacientes la experimentan como su primera etapa emocional y se sienten ansiosos, asustados, en "shock" y/o incrédulos acerca de su condición.

2) **Ira:** mientras que el daño cerebral puede causar directamente la ira, otros pacientes pueden enfurecerse cuando se dan cuenta de la magnitud de su pérdida. En esta etapa emocional de la recuperación, los sobrevivientes pueden culpar a otros, tener berrinches, gritar o sentirse frustrados.

3) **Negociación:** la persona hace declaraciones como realizar promesas o dar/pagar a cualquiera para mejorar. En esta puede haber cierto grado de aceptación de la condición o también negación persistente que los pacientes necesitan trabajar

4) **Depresión:** tan pronto los/las pacientes comienzan a aceptar la naturaleza de su condición y las discapacidades que resultan de la misma, es probable que se abrumen, entristezcan y sufran de depresión. Esta etapa resulta difícil de trabajar al paciente sentirse incapaz y/o desesperanzado

5) **Aceptación:** cuando el/la paciente desarrolla una aceptación saludable de su condición, disfruta de una mayor autoestima, una actitud positiva y un sentido de esperanza para el futuro.

Los pacientes no necesariamente van a experimentar todas estas etapas de emociones, ni el orden exacto de las mismas.

Todos los pacientes que se mueven a través de las etapas emocionales de recuperación van a experimentar al menos dos de estas antes de lograr la aceptación (Brain and Spinal Cord Organization, 2017).

Instrucciones: preguntar al sobreviviente si se identifica o se ha identificado con alguna/s de estas etapas.

Fase III: Nuevo "Self"

Reafirmación del "self". Creación de actividad creativa a través del proceso basada en los intereses y habilidades del/a cliente/paciente para reforzar su nuevo "self", al igual que sus logros.

El propósito es que el/la cliente/paciente vaya procesando su realidad y comience a establecer nuevas formas de ver su vida, para ajustarse y reconstruir su nuevo "self".

Ejemplo de actividades:
. Realizar un libro con capítulos desde el inicio hasta el final del proceso
. Una carpeta con sus dibujos y ejercicios

Referencias

Ahman, S., Saverman, B, Styrke, J, Bjornstig, U., & Stalnacke, B. (2013). Long-Term Follow Up of Patients with Mild Traumatic Brain Injury: A Mixed-Methods Study. *Journal of Rehabilitation Medicine, 45*(8), 758-764.

Aguilar, F. (2003). ¿Es posible la restauración cerebral? Mecanismos biológicos de la plasticidad neuronal. *Plasticidad y Restauración Neurológica, 2*(2), 143-152.

Alberdi, F., Iriarte, M., Mendía, A., Murgialdai, A., & Marco, P. (2009). *Pronóstico de las secuelas tras la lesión cerebral*. Recuperado de http://scielo.iscill.es/pdf/medicine/v33n4/puesta1.pdf

American Psychiatric Association (2013). *Diagnostic and Statistical Manual of Mental Disorders* (5th ed.). Washington, DC: American Psychiatric Association.

American Stroke Association. (2017). *Heart Disease and Stroke Statistics*. Recuperado de http://www.strokeassociation.org

Aniskiewicz, A. S. (2007). *Psychotherapy for neuropsychological challenges*. Lahman, Maryland: Jason Aronson.

Anson, K., & Ponsford, J. (2006). Coping and emotional adjustment following traumatic brain injury. *Journal of Head Trauma Rehabilitation, 21(3),* 248-259.

Ardito, R., & Rabellino, D. (2011). Therapeutic alliance and outcomes in psychotherapy: historical excurcus measurements, and prospects for research. *Frontiers in Psychology, 21*(1), 270.

Ashman, T.A., Gordon, W.A., Cantor, J.B., Hibbard, M.R. (2006). Neurobehavioral consequences of traumatic brain injury. *The Mount Sinai Journal of Medicine New York, 73*(7), 999-1005.

Atienza, F. L., Moreno, Y., & Balaguer, I. (2000). *Análisis de la dimensionalidad de la Escala de Autoestima de Rosenberg*. Recuperado de http://www.uv.es/uipd/cuestionarios/accesolibre/EAR

Baddeley, A. D. (1986). *Working memory.* Oxford: Oxford University Press.

Bamberg M., De Fina A., Schiffrin D. (2011) Discourse and Identity Construction. En: S. Schwartz, K. Luyckx, & V. Vignoles(Eds.), *Handbook of Identity Theory and Research* (pp.177-199). New York, USA: Springer.

Barker-Collo, S., Starkey, N., & Theadom, A. (2013). Treatment for depression following mild traumatic brain injury in adults: A meta-analysis. *Brain Injury, 27*(10), 1124-1133.

Bauman, S., & Waldo, M. (1998). Existential theory and mental health counseling: if it were a snake, it would have bitten! *Journal of Mental Health Counseling, 20*(1), 13-27.

Bautista, C. (s.f.). *Assessing Stroke Severity: Acute Stroke Evaluation.* Recuperado de http://www.the necc.org

Beck, A., Steer, R. A., & Brown, G. K. (1996). *Inventario de Beck-II.* Recuperado de http://www.telemedicinadetampico.files.wordpress.com

Beck, A., & Steer, R. A. (1993). *Inventario de Ansiedad de Beck.* Recuperado de http://www.pearsonclinical.es/.../bai-inventario-de ansiedad-de-beck

Brain Injury Association of America. (2016). *The Essential Brain Injury Guide* (5th Ed.). USA: Brain Injury Association of America.

Bédard, M., Felteau, M., Marshall, S., Dubois, S., Gibbons, C., Klein, R., & Weaver, B. (2012). Mindfulness-based cognitive therapy: Benefits in reducing depression following a traumatic brain injury. *Advances in Ming-Body Medicine, 26*(1), 14-20.

Benson, D.M., & Pavol, M. (2007). Neuropsychological Rehabilitation. En J. Elbaum & D. Benson (Eds). *Acquired Brain Injury: An Integrative Neuro-Rehabilitation Approach* (pp. 122-145). New York: Springer.

Bilbao, A., & Bombín, I. (2009). Rehabilitación neuropsicológica en daño cerebral adquirido. En M. Pérez(Ed.), *Manual de Neuropsicología Clínica*(pp. 49-63). España: Ediciones Pirámides.

Binder, L. M. (1997). A review of mild head trauma. Part II: Clinical implications. *Journal of Clinical and Experimental Neuropsychology, 19(3)*, 432-457.

Borson, S., Scanlan, J.M., Chen, P., & Ganguli, M. (2003). The Mini-Cog as a screen for dementia: Validation in a population-based sample. *Journal of American Geriatrics Society, 51*(10), 1451-1454.

Brain and Spinal Cord Organization. (2017). *Emotional Stages of Recovery for Traumatic Brain Injury (TBI).* Recuperado de http://www.brainandspinalcord.org

Brands, I., Wade, D., Stapert, S., & Van Heugten, C. (2011). The adaptation process following acute onset disability: an interactive two-dimensional approach applied to acquire brain injury. *Clinical Rehabilitation, 26(9)*, 840-852.

Brinthaupt, T.M., & Erwin, L.J. (1992). Reporting about the self: Issues and implications. En
T. Ownsworth, (Ed.), *Self-Identity after Brain Injury* (pp. 137-171). New York: Psychology Press.

Brooks, P. (2003). *Into the silent land: Travels in neuropsychology*. New York: Atlantic Monthly Press.

Butler, R. W. (1998). Individual psychotherapy with head-injured adults: Clinical notes for the practitioner. *Professional Psycholy Research and Practice, 19(5)*, 536-541.

Caballero-Coulon, M.C., Ferri-Campos, J., García-Blázquez, M. C., Chirivella-Garrido, J., Renau-Hernández, O., Ferri-Salvador, N., & Noé-Sebastián, E. (2007). Escalada de la conciencia': un instrumento para mejorar la conciencia de enfermedad en pacientes con daño cerebral adquirido. *Revista Neurología, 44(6),* 334-338.

Caracuel, A., & Cuberos, G. (2009). Los traumatismos craneoencefálicos. En M. Pérez (Ed.), *Manual de Neuropsicología Clínica* (pp. 143-158). Madrid: Ediciones Pirámides.

Carroll, E., & Coetzer, R. (2011). Identity, grief and self-awareness after traumatic brain injury. *Neuropsychological Rehabilitation, 21(3),* 289-305.

Carvajal-Castrillón, J., & Restrepo, P.A. (2013). Fundamentos teóricos y estrategias de intervención en la rehabilitación neuropsicológica en adultos con daño cerebral adquirido. *Revista CES Psicología, 6*(2), 135-148.

Castellanos, N.P., Paúl, N., Ordoñez, V.E., Demuynck, O., Bajo, R., Campo, P., Bilbao, A., Ortíz, T., del-Pozo, F., & Maestú, F. (2010). Reorganization of functional connectivity as a correlate of cognitive recovery in acquired brain injury. *Brain, 133*, 2365-2381.

Center for Disease Control and Prevention. (2016). *Injury Prevention and Control: Traumatic Brain Injury and Concussion*. Recuperado de https://www.cdc.gov/traumaticbraininjury/index.html

Center for Disease Control and Prevention. (2013). *Traumatic Brain Injury in the United States: Understanding the Public Health Problem among Current and Former Military Personnel*. Recuperado de https://www.cdc.gov/traumaticbraininjury/pubs/congress_military.html

Chamberlain, D. J. (2006). The experience of surviving traumatic brain injury. *Journal of Advances in Nursing, 54(4)*, 407-417.

Chang, S. K. W., & Mang, D. W. K. (2006). Management of impaired self-awareness in persons with traumatic brain injury. *Brain Injury, 20(6)*, 621-628.

Channon, S., & Crawford, S. (2010). Mentalising and social problem-solving after brain injury. *Neuropsychological Rehabilitation, 20*(5), 739-759.

Coetzer, R. (2014). Psychotherapy after acquired brain injury: Is less more? *Revista Chilena de Neuropsicología, 9*(1), 8-13.

Coetzer, R. (2013). Traumatic brain injury: loss and long-term psychological adjustment. *Neuro-Disability & Psychotherapy, 1*(1), 96-107.

Coetzer, R. (2007). Traumatic brain injury rehabilitation: Integrating theory and practice. *Journal of Head Trauma Rehabilitation, 22*(1), 39-47.

Coetzer, R., Vaughn F., & Ruddle, J. (2003). *The Brain Injury Grief Inventory*. Unpublished manuscript, North Wales Brain Injury Service, Conwy & Denbinshire NHS Trust, Bangor, England.

Cohen, S. (2004). Social relationships and health. *American Psychologist, 59*(8), 676-684.

Collicutt McGrath, J. (2011). Posttraumatic growth and spirituality after a brain injury. *Brain Impair, 12*,82-92.

Cooper-Evans, S., Alderman, N., Knight, C., & Oddy, M. (2008). Self-esteem as a predictor of psychological distress after severe acquired brain injury: An exploratory study. *Neuropsychological Rehabilitation, 18*(5-6), 607- 626.

Coopersmith, S. (1967). *Inventario de autoestima para adultos*. Recuperado de http://www.verticespsicologos.com.sites/.../autoestima-cooper-smith.pdf

Corrigan, P. W., & Bach, P. A. (2005). Behavioral treatment. En P. Klonoff (Ed.), Psychotherapy after brain injury: Principles and techniques. New York: The Guilford Press.

Damon, W., & Hart, D. (1982). *The development of self-understanding in childhood and adolescence*. New York: Cambridge University.

Davis, C. G., & S. Nolen-Hoeksema, S. (2001). Loss of meaning: How do people make sense of loss? *American Behavioral Scientist, 44(5)*, 726-741.

Deccarett, C., Garreaud, D., Castro, P., Gallardo, D., Peñafiel, C., Radovic, D., & Salas, C. E. (2015). Malestar psicológico en familiares de pacientes con daño neurológico durante la fase subaguda de Neurorehabilitación. *Revista Chilena de Neuropsicología, 10(1)*, 14-18.

Delmonico, R. L., Hanley-Peterson, P., & Englander, J. (1998). Group psychotherapy for persons with traumatic brain injury: Management of frustration and substance abuse. *Journal of Head Trauma Rehabilitation, 13(6)*, 10-22.

De la Cueva, L., Noe, E., López-Aznar, D., Fern, J., Sopena., R., Martínez, C, Chirivella, J., … Uruburi, E. (2006). Usefulness of FDG-PET in the diagnosis of patients with chronic severe brain injury. *Revista Española de Medicina Nuclear, 25(2)*, 89-97.

Departamento de Salud de Puerto Rico (2015). *Informe de la salud en Puerto Rico.* Recuperado de http://www.salud.gov.pr/Estadisticas-Registros-y-Publicaciones/Publicaciones/Informe%20de%20la%20Salud%20en%20Puerto%20ORico%202015_FINAL.pdf

Derogatis, L.R. (1994). *SCL–90–R symptom checklist 90-R administration, scoring and procedures manual.* Minneapolis, MN: National Computer Systems.

Douglas, J.J. (2013). Conceptualizing self and maintaining social connection following severe traumatic injury. *Brain Injury, 27(1)*, 60-74.

Elbaum, J., & Benson, D. (2007). Acquired brain injury: An Integrative Neuro-Rehabilitation Approach. New York: Springer.

Federación Española de Daño Cerebral- FEDACE. (2006). Neuropsicología y daño cerebral. *Recuperado de http://fedace.org/index.php?V.pdf*

Fernández-Guinea, S., & Muñoz-Céspedes, J.M. (1997). *Las familias en el proceso de rehabilitación con daño cerebral sobrevenido.* Recuperado de http://www.psiquiatria.com/psicologia/vol1num1/art_7.htm

Fleming, J. M. (2010). *Self-Awareness.* En J.H. Stone, & M. Blouin (Eds.), *International Encyclopedia of Rehabilitation.* Recuperado http://cirrie.buffalo.edu/encyclopedia/en/article/109/

Fleming, J. M., Strong, J., & Ashton, R. (1996). Self-awareness of deficits in adults with traumatic brain injury: How best to measure. *Brain Injury, 10*(1), 1–15. http://dx.doi.org/10. 1080/02699059612467

Fleminger, S., Oliver, D. L., Williams, W., & Evans, J. (2003). The neuropsychiatry of depression after brain injury. *Neuropsychological Rehabilitation, 13(1),* 65-87.

Folstein, M.F., Folstein, F.E., & McHugh, P.R. (1975). Mini Mental State: a practical method for grading the cognitive state of patients for the clinician. *Journal of Psychiatric Research, 12*(3), 189-198.

Freeman, A., Pretzer, J., Fleming, B., & Simon, K.M. (2004). Clinical applications of cognitive therapy (2nd Edition). En P.S. Klonoff (Ed.), *Psychotherapy after Brain Injury: Principles and Techniques.* New York: Guilford Press.

Fürbringer, S.C., & Cardoso de Sousa, R.M. (2007). Galveston Orientation and Amnesia Test: Applicability and relation with the Glasgow Coma Scale. *Revista Latino-Americana de Enfermagem, 15*(4), 651-657.

Galaburda, A.M. (1990). Introduction to Special Issue: Developmental plasticity and recovery of function. *Neuropsychologia, 28(5),* 5-6.

García, F., & Musitu, G. (1999). *AF5: Manual Autoconcepto Forma 5*. Madrid: TEA. Recuperado de http:///www.teaediciones.com

García-Molina, A., Roig-Rovira, T., Enseñat-Cantallops, A., & Sánchez-Carrión, R. (2014). Neuropsicoterapia en la rehabilitación del daño cerebral. *Revista de Neurología, 58*(3), 125-132.

Gelech, J. M., & Desjardins, M. (2011). The reconstruction of self-following acquired brain injury. *Qualitative Health Research, 21*(1), 62-74.

Gendreau, A., & De la Sablonniére, R. (2014). The cognitive process of identity reconstruction after the onset of neurological disability. *Disability and Rehabilitation, 36(19*), 1608-1617.

Glintborg, C., & Krogh, L. (2015). The Psychological Challenges of Identity Reconstruction Following an Acquired Brain Injury. *Recuperado de https://journals.lib.unb.ca/index.php/NW/article/download/.../28966*

Godfrey, H.P.D., Partridge, F.M., Knight, R.M., & Bishara, S. (1993). Course of insight disorder and emotional dysfunction closed head injury: A Controlled cross-sectional follow-up study. Journal of Clinical and Experimental Neuropsychology, 15*(4), 503-515.*

González, M., Rivas, R., & López, S. (2015). Trastorno de la comunicación social (pragmático): síndrome o síntoma? Revista de Estudios e Investigación en Psicología y Educación, 9, *páginas doi: 10.17979/reipe.2015.0.09.134.*

Gordon, W.A., & Hibbard, M.R. (1992). Critical issues in cognitive remediation. Neuropsychology, 6(4), 361-370.

Graham, P., Prior, L., Shoumitro, D., Lewis, G., Mayle, W., Burrow, C., & Bryant, E. (2005). Patient's view on outcome following head injury: A qualitative study. BMC Family Practice, 6(30), 1-6.

Gutiérrez, J. B., Gómez-Batiste, X., Maté, J., y Mateo, D. (2016). Manual para la atención psicosocial y espiritual a personas con enfermedades avanzadas. Recuperado de http://www. ico.gencat.cat/web/.content/.../ico/.../MANUAL-ATENCION-PSICOSOCIAL-2016.pdf

Gutiérrez, J.E., De los Reyes, C.A., Tovar, M.A., Alzate, N., & Bohórquez, F. (2014). Rehabilitación en Trauma Craneoencefálico: Guía de Práctica Clínicas Basadas en la Evidencia. Recuperado de http://www.sld.cu/galerias/pdf/.../rehabilitacion/rehabi_traum_craneo.pdf

Gutiérrez, K., De los Reyes, C., Rodríguez, M., & Sánchez, A. (2009). Técnicas de rehabilitación neuropsicológica en daño cerebral adquirido: ayudas de memoria externas y recuperación espaciada. Psicología desde el Caribe, 24(agosto-diciembre), 147-179.

Habermans, B. (1982). Cognitive dysfunction and social rehabilitation in the severely head injured patient. Journal of Neurosurgical Nursing, 14(1), 220-224.

Hamilton, M. (1959). The assessment of anxiety states by rating. The British Journal of Medical Psychology, 32(1), 50-55.

Harter, S. (2012). The construction of self (2nd Ed.). New York: Guilford Press.

Hartman-Maeir, A., Soroker, N., Oman, S.D., & Katz, N. (2003). Awareness of disabilities in stroke rehabilitation—a clinical trial. Disability and Rehabilitation, 25(1), 35-44.

Hayes, S.C., Strosahl, K.D., & Wilson, K.G. (2004). Acceptance and Commitment Therapy: An experiential approach to behavior change. New York: Guilford Press.

Hernández, D., & Ortiz, H. (2007). Aplicación de la Escala "National Institute of Health Stroke Scale (NIHSS) en Pacientes Ingresados en el Hospital Vicente Corral Moscoso con Diagnóstico de Enfermedad Cerebro Vascular Isquémica. Recuperado de http://dspace.ucuenca.edu.ec

Hibbard, M.R., Uysal, S., Kepler, K., Bogdany, J., & Silver, J. (1998). Axis I psychopathology in individuals with traumatic brain injury. *The Journal of Head Trauma Rehabilitation, 13*(4), 24-39.

Hofer, H., Holtforth, M.G., Frischknecht, E., & Znoj, H.J. (2010). Fostering adjustment to acquired brain injury by psychotherapeutic interventions: a preliminary study. *Applied Neuropsychology, 17*(1), 18-26.

Instituto Charbel. (2012). *Daño cerebral*. Recuperado de http://www.institutocharbel.es/portfolio-item/dano-cerebral-2

Instituto Nacional de Cáncer del NIH. (2013). *Grief, Bereavement, and coping with Loss (PDQ®) – Patient Version*. Recuperado de http://www.cancer.gov

Jacobs, H. E. (1989). Long term family intervention. En D.W. Ellis & A.L. Christiensen (Eds.), *Neuropsychological Treatment after Brain Injury Foundations of Neuropsychology* (pp. 297-316). Boston, MA.: Springer.

Jones, J.M., Haslam, A., Jetten, J., Williams, H., Morris, R., & Saroyan, S. (2011). That which doesn't kill us can make us stronger (and more satisfied with life): The contribution of personal and social changes to well-being after acquired brain injury. *Psychology and Health, 26*(3), 353-369.

Junqué, C., Bruna, O., Mataro, M., & Puyuelo, M. (1998). Traumatismo craneoencefálico. Un enfoque desde la neuropsicología y la logopedia. En K. Gutiérrez (Ed.), *Técnicas de rehabilitación neuropsicológica en daño cerebral adquirido: ayudas de memoria externas y recuperación espaciada*(pp. 147-179). France: Masson.

Kangas, M., & McDonald, S. (2011). Is it time to act? The potential of acceptance and commitment therapy for psychological problems following acquired brain injury. *Neuropsychological Rehabilitation, 21*(2), 250-276.

Kaplan-Solms, K., & Solms, M. (2000). *Clinical studies in Neuro-psychoanalysis introduction to a Depth Neuropsychology*. London: Karmac.

Kinney, A. (2001). Cognitive therapy and brain-injury: theoretical and clinical issues. Journal of Contemporary Psychotherapy, 31(2), 89-112.

Klonoff, P.S. (2010). *Psychotherapy after brain injury: principles and techniques*. New York: The Guilford Press.

Klonoff, P.S. (2005). The art and science of milieu-oriented rehabilitation. *Barrow Quaterly, 21(2)*, 14- 21.

Koponen, S., Taiminem, T., Hiekkanen, H., & Tenovuo, O. (2011). Axis I and II psychiatric disorders in patients with traumatic brain injury: a 12-month follow-up study. *Brain Injury, 25(11),* 1029-1034.

Kortte, K. B., Wegener, S. T., Chwalisz, K. (2003). Anosognosia and denial: Their relationship to coping and depression in acquired brain injury. *Rehabilitation Psychology, 48*(3), 131-136.

Kubler-Ross, E. (1999). *Sobre la muerte y los moribu*ndos. Barcelona: Grijalbo.

Labrador, F. (2012). *Manual de técnicas de intervención cognitivo conductu*ales. España: Editorial Desclée De Brouwer.

Lamb, R., Robertson, C., & Knight, T. (1989). Attention and interference in the processing of global and local information: effects of unilateral temporal-parietal junction lesions. *Neuropsychologia, 27(4)*, 471-483.

Last, J. M. (1988). *A Dictionary of Epidemiology* (2nd Ed). New York: Oxford University Press.

Leach, L.R., Frank, R.G., Bouman, D. E., & Farmer, J. (1994). Family functioning, social support and depression after traumatic brain injury. *Brain Injury, 8(7)*, 599-606.

Lehr, R. (2016). *Funciones del cerebro*. Recuperado de http://centreforneuroskills.com

Lewis, I. & Rosenberg, S. (1990). Psychoanalytic psychotherapy with brain injured adult psychiatric patients. *Journal of Nervous and Mental Disease, 178*(2), 69-77.

Lezak, M.D., Howieson, D.B., Loring, D.W., Hannay, J.H., & Fischer, J.S. (2004). *Neuropsychological Assessment* (4th ed.). New York: Oxford University Press.

Lezak, M.D. (1987). Relationships between Personality Disorders, Social Disorders, Social Disturbances and Physical Disability Following Traumatic Brain Injury. *Journal of Head Trauma Rehabilitation, 2*(1), 57-69.

López, L.M. (2012). Neuroplasticidad y sus implicaciones en la rehabilitación. *Revista Universal y Salud, 14*(2), 197-204.

Machamer, J., Temkin, N., & Dikmen S. (2002). Significant other burden and factors related to in traumatic brain injury: *Journal of Clinical and Experimental Neuropsychology 24*(4), 420-433.

Mak, K.Y., Chan, Ka, L.K., & Chan, K.C.C. (1987). Management of grief (bereavement). *Hong Kong Practitioner, 19*(4), 192-198.

Markus, H., & Nurius, P. (1986). Possible selves. *American Psychologist, 41*(9), 954-969.

Martín de la Huerga, N., Muriel, V., Aparicio-López, C., Sánchez-Carrión, R., & Roig-Rovira, T. (2014). Una revisión de escalas de evaluación para medir el cambio de conducta debido a la lesión cerebral y el tratamiento de estos cambios. *Acción Psicología, 11*(1), 79-94.

Masel, B.E., & DeWitt, D.S. (2010). Traumatic brain injury: a disease process, not an event. *Journal of Neurotrauma, 27*(8), 1529-1540.

Mateer, C.A., Sira, C.S., & O'Connell, M.E. (2005). Putting Humpty Dumpty together again. *Journal of Head Trauma Rehabilitation, 201*(1), 62-75.

Mateer, C.A., & Sira, C.S. (2008). Practical rehabilitation strategies in the context of clinical neuropsychology feedback. En P. Klonoff (Ed.), *Psychotherapy after Brain Injury: Principles and techniques* (pp. 996-1007). New York: The Guilford Press.

Mauss-Clum, N., & Ryan, M. (1981). Brain injury and the family. *Journal of Neurosurgical Nursing, 13*, 165-169.

Mayne, B. (2009). *Self- mapping: How to awaken to your True Self*. London: Watkins Media Limited.

McAllister, T.W. (2008). Neurobehavioral sequelae on traumatic brain injury: Evaluation and management. *World Psychiatry, 7*(1), 3-10.

McBrinn J.M., Wilson, C.F., Caldwell, S., Carton, S., Delargy, M., McCann, J., … McGuire, B. (2008). Emotional distress and awareness following acquired brain injury: an exploratory analysis. *Brain Injury, 22*(10), 765–772.

McKinlay, W., & Hickbox, A. (1988). How can families help in the rehabilitation of the head injured? *Journal of Head Trauma Rehabilitation, 3*(4), 64-72.

Meredith, K., & Rassa, G.M. (1999). Aligning the levels of awareness with the stages of grieving. *Journal of Cognitive Rehabilitation, 17*(1), 10-12.

Miller, I. (1999). *A history of psychotherapy with patients with brain injury*. New York: The Guilford Press.

Moldover, J.E., Goldberg, K.B., & Prout, M.F. (2004). Depression after traumatic brain injury: A review of evidence for heterogeneity. *Neuropsychological Review, 14*(3), 143-154.

Mosquera, G., Vega, S., Valdeblánquez, J., & Varela, A. (2010). Protocolo del Manejo Hospitalario del Trauma Craneoencefálico en el Adulto Mayor. *Revista Archivo Médico de Camagüey, 14*(1), 1-16.

Muenchberger, H., Kendall, E., & Neal, R. (2008). Identity transition following traumatic brain injury: A dynamic process of contraction, expansion and tentative balance. *Brain Injury, 22*(12), 979–992.

Myles, S.M. (2004). Understanding and Treating Loss of Sense of Self Following Brain Injury: A Behavior Analytic Approach. *International Journal of Psychology and Psychological Therapy, 4*(3), 487-504.

Nasreddine, Z. (2004). *MoCA Spanish version*. Recuperado de http://www.mocatest.org/pdf_files/test/MoCA-Test-Spanish.pdf

National Academy of Neuropsychology. (2001). Definition of a Clinical Neuropsychologist. Recuperado de https://www.nanonline.org/docs/PAIC/PDFs/NANPositionDefNeuro.pdf

National Institute of Neurological Disorders and Stroke. (2017). *Accidente cerebrovascular: Esperanza en la investigación*. Recuperado de https://espanol.ninds.nih.gov/trastornos/accidente_cerebrovascular.htm

National Institute of Neurological Disorders and Stroke. (2010). *Traumatismo cerebral: Esperanza en la investigación*. Recuperado de htt://www.espano.ninds.nih.gov/traumatismo_cerebral.htm

National Institute on Drug Abuse. (2014). *Las drogas, el cerebro y el comportamiento: La ciencia de la adicción.* Recuperado de http://www.drugabuse.gov/es/publicaciones/serie-de-reportes/las-drogas-el-cerebro-y-el-comportamiento-la-ciencia-de-la-adiccion/referencias

Navarro, M.D., Martínez, B., & Ferri, J. (2013). *Daño cerebral adquirido: guía práctica para familiares*. Recuperado de http://www.neurorhb.com

Nehra, A., Bajpai, S., Sinha, S., & Khandelwal, S. (2014). *Holistic neuropsychological rehabilitation: grief management in traumatic brain injury. Annals of Neurosciences, 21(3)*, 118-122.

Nelson, L.D., & Adams, K.M. (1997). Challenges for neuropsychology in the treatment and rehabilitation of brain-injured patients. Psychological Assessment, 9 (4), 368-373.

Nichols, J.L., & Kosciulek, J. (2014). Social Interactions of individuals with Traumatic Brain Injury. *The Journal of Rehabilitation, 8*(2), 21-29.

Nochi, M. (2000). Reconstructing self-narratives in coping with traumatic brain injury. *Social Science & Medicine, 51*(12), 1795-1804.

Nochi, M. (1998). Loss of self in the narratives of people with traumatic brain injuries: A qualitative analysis. *Social Sciences and Medicine, 46(7)*, 869-878.

Norup, A., Kristensen, K. S., Siert, L., Poulsen, I., & Mortensen, E. L. (2011). Neuropsychological support to relatives of patients with severe traumatic brain injury in the sub-acute phase. *Neuropsychological Rehabilitation, 21(3),* 306-321.

Norup, A., Welling, K.-L., Qvist, J., Siert, L., & Mortensen, E. L. (2012). Depression, anxiety and quality-of-life among relatives of patients with severe brain injury: the acute phase. *Brain Injury, 26*(10), 1192–200.

Ownsworth, T. (2014). *Self-Identity after Brain Injury.* New York: Psychology Press.

Ownsworth, T., & Oei, T.P.S. (1998). Depression after traumatic brain injury: conceptualization and treatment considerations. *Brain Injury, 12*(9), 735-751.

Ozen L.J., Dubois, S., Gibbons, C., Short, M.M., & Bédard M. (2015). *Mindfulness interventions improve depression symptoms after traumatic brain injury: are individual changes clinically significant?* Manuscript submitted for publication.

Patterson, F.L., & Staton, A.R. (2009). *Adult Acquired Traumatic Brain Injury: Existential Implications and Clinical Considerations.* Recuperado de http://www.questia.com

Pepping, M., & Ruoeche, J. R. (1990). *Psychosocial consequences of significant brain injury.* New York: Springer.

Pérez, C., & Vásquez, C. (2012). Neuropsychology's Contribution in Diagnosing Neuropsychiatric Disorders. *Condes, 23*(5), 530-541.

Persel, C.S., & Persel, C.H. (2004). *The use of applied behavior analysis in traumatic brain injury rehabilitation.* New York: Guilford Press.

Persinger, M.A. (1993). Personality changes following brain injury as a grief response to the loss of sense of self: Phenomenological themes as indices of local lability and neurocognitive structuring as a psychotherapy. *Psychological Reports, 72*(3 Pt 2), 1059-1068.

Postmes, T., & Jetten, J. (2006). *Individuality and the group: Advances in Social Identity.* Thousand Oaks, London: Sage.

Prigatano, G.P., & Schacter, D.L. (1991). *Awareness of deficit after a brain injury: Theoretical and clinical issues.* New York: Oxford University Press.

Prigatano, G.P. (1989). *Principles of neuropsychological rehabilitation.* New York: Oxford University Press.

Ramírez, M.J. (2010). Rehabilitación neuropsicológica de la autoconsciencia luego de un daño cerebral: una revisión. *Revista Neuropsicología Latinoamericana, 2*(2), 27-40.

Revista Reporte Médico. (2016). *Enero, Mes de la Prevención de Traumas: Centro Médico recibe proclama.* Recuperado de http://www.revistareportemedico.com

Rivera-Nava, S.C., Miranda-Medrano, L.I., Pérez-Rojas, J.E., De Jesús-Flores, J., Rivera-García, B., & Torres-Areola, M.P. (2012). Guía de Práctica Clínica: Enfermedad vascular cerebral isquémica. *Revista Médica del Instituto Mexicano del Seguro Social, 50(3)*, 335-346.

Rosenberg, M. (1965). *Society and the adolescent self-image. New Jersey: Princeton University Press.* Recuperado de https://www.uv.es/uipd/cuestionarios/accesolibre/EAR

Ruff, R. M., & Chester, S. K. (2014). *Effective Psychotherapy for Individuals with Brain Injury.* New York: Guilford Press.

Sarason, I.G., & Sarason, B. (2011). *Psicología normal: El problema de la conducta inadaptada.* New Jersey: Prentice Hall.

Senelick, R., & Dougherty, K. (2001). *Living with brain injury: A guide for families* (2nd Ed.). Birmingham: HealthSouth Press.

Serrá, J., & Arcos, J.L. (2013). *Cognitive 2013: The Fifth International Conferences of Advanced Cognitive Technologies and Application.* Recuperado de http://www.digital.csic.es

Simon, B. (2004). Identity in modern society: A social psychological perspective. *Neuropsychological Rehabilitation, 25*(4), 555-573.

Smith, L.M., & Godrey, H.P. (1995). *Family support programs and rehabilitation.* New York: Plenum Press.

Sohlberg, M.M., & Turkstra, L. (2011). *Optimizing Cognitive Rehabilitation: Effective Instructional Methods.* New York: The Guilford Press.

Spitzer, R.L., Williams, J., & Kroenke, K., Hornyak, R., & McMurray, J. (2000). *PHQ-9 Inventory in Spanish.* Recuperado de http://www.ons.org

Teasdale, G., & Jennett, B. (1974). Assessment of coma and impaired consciousness. A practical scale. *Lancet, 304*(7872),81-84.

Thomas, K.R., & Siller, J. (1999). Object loss, mourning and adjustment to disability. *Psychoanalytic Psychology, 16(2)*, 179-197.

Tiersky, L. A., Anselmi, V., Johnston, M. V., Kurtyka, J., Roosen, E., Schwartz, T., & Deluca, J. (2005). A trial of neuropsychologic rehabilitation in mild-spectrum traumatic brain injury. *Archives of Physical Medicine and Rehabilitation, 86*(8), 1565-1574.

Traumatic Brain Injury Model Systems National Data and Statistical Center. (2006). *National Data and Statistical Center Traumatic Brain Injury Model Systems.* Recuperado de http://www.tbindisc.org.

Vaishnavi, S., Rao, V., & Frann, J. R. (2009). Neuropsychiatrist problems after traumatic brain injury: Unraveling the silent epidemic. *Psychosomatics, 50*(3), 198-205

Vickery, C., Gontkovsky, S., & Caroselli, J. (2005). Self-concept and quality of life following acquired brain injury: A pilot investigation. *Brain Injury, 19*(9), 657–665.

Waldron, B., Casserly, L.M., & O'Sullivan, C. (2013). Cognitive behavioural therapy for depression and Anxiety in adults with acquired brain injury: What Works for whom? *Neuropsychological Rehabilitation, 23*(1), 64-101. doi: 10.1080/09602011.2012.724196.

Walsh, R.S., Muldoon, O. T., Gallagher, S., & Fortune, D. G. (2015). Affiliative and "self-as-doer: identities: Relationships between social identity, social support, and emotional status amongst survivors of acquired brain injury. *Neuropsychological Rehabilitation, 25*(4), 555-573.

Wolf, (1988). *Treating the self: Elements of clinical self-psychology.* New York: The Guilford Press.

World Health Organization. (2006). *Neurological disorders: Public health challenges.* Geneva, Switzerland: WHO Press.

Yalom, I.D. (1980). *Existentialist psychotherapy.* New York: The Guilford Press.

Yamagami, T. (1988). Psychotherapy today, and tomorrow: Status quo of behavior and cognitive therapy and its efficacy. *Psychiatry and Clinical Neuroscience, 53*(2), 5236-5237.

Yavasage, J.A., Brink, T.L., Rose, T.L., Lum, O., Huang, V., Adey, M.B., & Leirer, V.O. (1983). *Escala de depresión geriátrica de Yesavage*. Recuperado de https//www.hipocampo.org>demencia>Escalas y test

Yeates, G.N., Gracey, F., & McGrath, J.C. (2008). A biopsychosocial deconstruction of 'personality change' following acquired brain injury. En D. Segal (Ed.), Exploring the importance of identity following acquired brain injury: A review of the literature. Paginas Recuperado de https//www.researchgate.net

Ylvisaker, M., & Fenney, T.J. (2000). Reconstruction of identity after brain injury. *Brain Impairment, 1(1)*, 12-28.

Yusta, A. (2015). *¿Qué factores aumentan la neuroplasticidad?* Recuperado de http://www.convivirespaticidad.org

Zigmong, A.S., & Snaith, R.P. (1983). *The Hospital Anxiety and Depression Scale*. Recuperado de http//: www.guiasalud.es/.../Anexo2_Intrumentos%20de%20medida.pdf

Zigmond, A.S., & Snaith, R.P. (1983). The Hospital Anxiety and Depression Scale. *Acta Psychiatrica Scandinavica, 67*(6), 361-70.

www.ingramcontent.com/pod-product-compliance
Lightning Source LLC
Chambersburg PA
CBHW060008210526
45170CB00017B/2087